Dr. Wolfgang Issel

Der Steinzeitmensch in uns

Wie uralte Programme uns unbewusst steuern, wir aber trotzdem zivilisiert sein können

Copyright: © 2020   Wolfgang Issel
Lektorat: Erik Kinting – www.buchlektorat.net
Umschlag & Satz: Erik Kinting
Titelbild: Elenarts/Shotshop.com
DNA-Strang: Spectra/Shotshop.com

Verlag und Druck:
tredition GmbH
Halenreie 40-44
22359 Hamburg

978-3-347-13355-6 (Paperback)
978-3-347-13356-3 (Hardcover)
978-3-347-13357-0 (e-Book)

Bibliografische Information der Deutschen Nationalbibliothek:
Die Deutsche Nationalbibliothek verzeichnet diese Publikation in der Deutschen Nationalbibliografie; detaillierte bibliografische Daten sind im Internet über http://dnb.d-nb.de abrufbar.

Inhalt

Vorwort

»Lass es bloß sein«, meinte mein Freund Michael zur Idee dieses Buches, »du wirst nichts erreichen und keiner wird akzeptieren wollen, dass auch in unserer modernen Welt noch viele Verhaltensweisen denen des Neandertalers ähneln. Mehr Fakten, mehr Verstand, mehr Vernunft? Wie denn? Es läuft doch gerade umgekehrt: Was einer inhaltlich gesagt hat, ist wohl weniger wichtig, Hauptsache er hat eine gute Figur gemacht und mitreißende Emotionen gezeigt, wenn auch unreflektiert aus dem Bauch heraus und manchmal auf einem Niveau wie bei unseren Vorfahren vermutet! Glaubst du wirklich, du könntest dich gegen den immer emotionaler werdenden Mainstream stellen?«

Wahrscheinlich hat Michael recht. Aber *ich* finde, es ist einen Versuch wert.

Man muss nur bewusst hinsehen: Unser althergebrachtes Gehirn macht mit uns zuweilen schräge Dinge, schönt uns die Realität oder ängstigt uns, lässt uns nicht an die Zukunft denken und hindert uns sogar, konsequent zu handeln. Wer abnehmen will, kann ein Lied davon singen, was es heißt, sich *mit Vernunft* gegen sein eigenes Gehirn durchsetzen zu wollen und in einer Krise wie *Corona* setzt der Verstand oft ganz aus: Toilettenpapier und Hefe hamstern, Aufstände wegen Maskenpflicht und Abstandsgebot, Verwirrung, Ängste und die Suche nach einem Sündenbock.

Das ist kein Wunder: Steigende Stressbelastung, gesellschaftliche Unsicherheiten, Klimawandel, ungeregelte Migration, globale Naturzerstörung aber auch der wachsende Einfluss sozialer Medien und künstlicher Intelligenz brechen über unser Gehirn herein, das für solch schnelle Entwicklungen schlicht nicht gemacht ist. Die Natur hat den Menschen über Millionen von Jahren hinweg nach dem Prinzip *Versuch und Irrtum* geschaffen, ihre Lebewesen mit riesiger Streuung in Eigenschaften und Fähigkeiten auf den Markt des Lebens geworfen und gewartet, wie sie sich bewähren. Das ist eine Methode, die zwar auf längere Zeiträume gesehen durchaus erfolgreich war, bei der heutigen schnellen Entwicklung aber immer mehr Schwächen zeigt.

Nun stehst du da, Mensch, und fragst dich: *Aber ich bin doch intelligent, daran sollte es nicht liegen? Auch weiß ich ja, wie enorm anpassungsfähig mein Gehirn ist, wie schnell es neue Sichtweisen entwickelt, sich auf beliebige Aufgaben einstellt und sich aufrüstet. Also an der Hardware liegt es auch nicht. Was fehlt mir, um die Möglichkeiten, die mir mein Gehirn bietet, wirklich zum Tragen zu bringen? Warum kann ich Dinge, die mir schon lange bewusst sind, trotz aller Einsicht nicht intelligent in die Tat umsetzen?*

Intelligenz hin oder her – die ist ja auch nur ein Werkzeug, wie ein Hammer beispielsweise. Einen zu haben, heißt noch lange nicht, damit den Nagel auf den Kopf zu treffen. Irgendwie gelingt es dir einfach nicht, dich ganz bewusst selbst zu steuern und Dinge zu lassen, die dir kurz- oder langfristig schaden. *Du bist dein Gehirn,* hast aber wenig Ahnung davon, welche eigenen Interessen deine althergebrachten Hirnareale verfolgen, was sie dir verschweigen, wie sie dich manipulieren und trotz aller Fehler glauben lassen, deine Entscheidungen seien wohlüberlegt und dein freier Wille.

Und nicht nur das: Bereits bei der alltäglichen Aufgabe, aus deiner Wahrnehmung das bestmögliche Verhalten abzuleiten, weist das Gehirn eine ganze Reihe entwicklungsbedingter Schwachstellen auf: Unter starker seelischer Belastung verfälscht es deine Wahrnehmung, macht dir Angst und schaltet den in seiner Entwicklungsgeschichte erst spät installierten Verstand aus. Dann läuft alles bauchgesteuert, sozusagen mit Uraltprogrammen auf *Autopilot*: Du verlierst den Überblick, Aufgaben überfordern dich, erscheinen dir zu komplex, langfristiges Denken und Handeln rücken in weite Ferne, aktuelle Problemstellungen werden aufgeschoben, bis sie zur Krise angewachsen sind, dann folgt in Panik eine Überreaktion auf niedrigem Niveau.

Willst du mit deinem dermaßen von Stimmungen abhängigen Gehirn wirklich *der* Unsicherheitsfaktor für die Natur und dich selbst bleiben? Immer wieder die gleichen Fehler machen? Weil du einfach nicht anders kannst? Weil deine Verhaltensprogramme völlig veraltet sind? Ist künstliche Intelligenz (KI) die Rettung? Roboter die uns betreuen, beraten oder gar dominieren? Ist es nicht möglich oder sogar notwendig, dass sich nicht nur die KI weiterentwickelt, sondern auch der Mensch?

In diesem Buch wird ein Denk-Modell für menschliches Verhalten vorgestellt, mit dem Ziel, transparent zu machen, wie entwicklungsbedingte menschliche Schwachstellen zustande kommen und wie diese mit Verstand und Vernunft zu vermeiden oder zumindest zu entschärfen wären. – Notfalls auch mithilfe der KI.

Intelligenz

Der menschliche Geist ist das Höchste, was die Natur jemals hervorgebracht hat: hoch entwickelte Technik, Internet, Smartphones, medizinische Fortschritte, Kultur, das erwachende Gefühl für die Natur … Das hat alles seinen Preis, sodass die Belastung am Arbeitsplatz und der Bedarf an Koordination in der Familie ebenfalls wächst und schließlich zum Stress wird. Es spricht auch nicht gerade für einen hohen Intelligenz-Level, sich mit einer weltweit wachsenden Bevölkerung die Ausbeutung der natürlichen Ressourcen zu erlauben, ohne deren Endlichkeit zu berücksichtigen, mit dem Risiko, Mensch und Natur durch Klimawandel und Auseinandersetzungen um die immer knapper werdenden Ressourcen in Gefahr zu bringen.

Wird die *natürliche Intelligenz* des Menschen ausreichen, die ungelösten gesellschaftlichen und globalen Probleme zu lösen? Es gibt ohne Zweifel große Entwicklungsschritte, die aber an eine *mentale Grenze* stoßen: Irgendwie geht es nicht weiter, es fehlen Überblick und langfristiges Denken und Handeln, ganz abgesehen von einer schlüssigen Zukunftsvision. Wo wollen wir hin?

Im krassen Gegensatz zur Realität schwärmen manche von einem Geist, der so erhaben sei, so *emergent*, dass er durch banale Tätigkeiten von Neuronen und Synapsen nie und nimmer repräsentiert werden könne.

Alles nur Einbildung, hätte man früher gesagt. Einbildung ist, was das eigene Gehirn seinem Träger Mensch als angebliche Realität vorspiegelt. Ist diesem Trugbild zu trauen? Fern der Realität merkt der zu sehr *Vergeistigte* nicht, dass sein eigenes Gehirn ihn an der Nase herumführt, er zu lange versäumt hat, sich selbst zu reflektieren, sich an der Realität zu orientieren und sich einmal wieder richtig zu *erden*. Es ist aber auch verständlich, lieber weiter in einer eingebildeten rosaroten Blase leben zu wollen, als mit der Realität eine harte Landung zu riskieren …

Wir können nicht nur von Geist, Verstand und Vernunft sprechen. Gefühle haben schon deswegen einen weit höheren Stellenwert, weil der Mensch ohne seelisch tragende Gefühle gar nicht leben kann. Gefühle sind Signale des Organismus, wie es um ihn bestellt ist. Aber nur nach momentanem Gefühl und aus dem Bauch heraus zu agieren, ist keine gute Idee, dabei wird oft zu kurz gedacht, vielleicht übertrieben und das meist mit zu viel Flurschaden. Es ist auch ein gerüttelt Maß an Verstand und Vernunft erforderlich, die eigentliche Stärke des Menschen, worin er sich ja am meisten vom Tier unterscheidet. Ist also *natürliche* Intelligenz im Zusammenwirken von *Gefühl und Verstand* die Lösung der anstehenden Probleme? Wird das reichen oder ist tatsächlich die Hilfe einer *künstlichen* Intelligenz vonnöten, weil der Mensch aufgrund seiner oft grenzwertig geforderten althergebrachten Auslegung diese Unterstützung dringend braucht?

Wie kommt man zu solchen Fragen?

Sobald man an Programmen für menschenähnliche Roboter arbeitet und sich bei deren Auslegung am Menschen orientiert, muss man sich notgedrungen die Frage stellen, inwieweit sich die prinzipielle Arbeitsweise eines menschlichen Gehirns von der Steuerung eines menschenähnlichen Roboters unterscheiden sollte.

Humanoide Roboter sind in ihrem Verhalten dem Menschen nachempfunden und sollen vorgegebene Aufgaben erfüllen, z. B. Menschen im Altersheim informieren und unterhalten oder Patienten vor einer MRT-Untersuchung (Magnet-Resonanz-Tomografie) aufklären. Gerade wenn es sich um seelisch besonders belastende Situationen handelt, kommt es sehr auf eine einfühlende und beruhigende Ansprache an, die zukünftig mit *digitaler Empathie* erreicht werden soll.

Roboter werden von einer Software gesteuert, die sie befähigt, das ihnen Aufgetragene bestmöglich auszuführen. Sollte das in ähnlicher Weise auch für den Menschen gelten? Wenn ja, dann wäre der Roboter eben aus Metall, der Mensch aus Fleisch und Blut. Beide würden von Programmen und Algorithmen gesteuert. Könnte das sein? Und wenn ja, nach welchen Prinzipien würde ein menschlicher Algorithmus arbeiten? Das wollen wir herausfinden.

Was ist eigentlich ein Algorithmus?

Laut *Wikipedia* ist ein Algorithmus *eine eindeutige Handlungsvorschrift zur Lösung eines Problems*. Es folgen weitere Bedingungen wie *Lösung in endlich vielen, wohldefinierten Einzelschritten*.

Diese mathematische Definition mag für die Bereiche *Computer* und *Roboter* gelten, will man das aber auf den Menschen übertragen, gibt es ein grundsätzliches Problem: Bei einem lebenden Organismus ist nichts *eindeutig* und schon gar nichts *wohldefiniert*. Bis auf ein paar Zwillinge gleicht kein Produkt dem anderen. Die Natur arbeitet im Gegensatz zur Technik mit riesengroßer Streuung in den Eigenschaften und Fähigkeiten ihrer Lebewesen. Anders als beim Roboter mit seinen festen Algorithmen sollte es sich beim Menschen – wenn überhaupt – also um einen weit umfassenderen und höchst anpassungsfähigen Algorithmus handeln.

Wie könnte man sich einen *biologischen* Algorithmus zur Steuerung eines Menschen modellhaft vorstellen?

Ein Bio-Algorithmus?

Im Gehirn findet sich zwar der größte Teil der Neuronen (Nerven-zellen) konzentriert und durch den knöchernen Schädel gut ge-schützt, Neurone und ganze Neuronen-Netze finden sich aber auch als *Niederlassungen* rundum im Körper verteilt. Fast der gesamte Magen-Darm-Trakt wird vom *enterischen* Nervensystem durchzo-gen, das als eigenständiger Funktionsteil z. B. die Verdauung steuert und – falls nicht anderweitig beeinflusst oder gestört – sogar auto-nom arbeiten kann.

Eine Unzahl von Sensoren verteilen sich auf alle Körperregio-nen. Da sind nicht nur Augen, Ohren, Geruchs- und Geschmacks-sinn als primäre Sinne gemeint, auch die Hautoberfläche und das Körperinnere sind mit einer gewaltigen Zahl von Sensoren ausge-stattet. Berührungen von sanftem Streicheln bis hin zu schmerzhaf-tem Druck werden ihrer Stärke entsprechend wahrgenommen. Tem-peratursensoren in der Haut lassen vor der heißen Herdplatte zu-rückschrecken und jedes kleine Härchen am Körper lässt auch den feinsten Luftzug spüren. Und wenn ein geblähter Darm Bauch-schmerzen verursacht, mahnt er damit, in Zukunft nicht mehr so viel Apfelsaft auf einmal zu trinken. Niederdrückende Gedanken können als seelische Belastung *auf den Magen schlagen*, obwohl es ihm rein körperlich bestens gehen sollte.

Seelische Nöte oder unbewältigte Ängste setzen den Organismus also unter Stress, bringen ihn von seiner normalen Funktion ab und lösen auf Dauer körperliche und seelische Fehlfunktionen bis hin zum Burn-out aus. – Was jetzt? Alles beeinflusst alles. Wer hat nun das Sagen und bestimmt das Verhalten? Ist es der Körper, das *gute Bauchgefühl*, auf das manche schwören? Oder diktiert eine *Seele* das Vorgehen?

Auf den ersten Blick ist das verwirrend und es gilt, ein Gedankenmodell zu entwerfen, mit dem man sich mehr Überblick über die Abläufe verschaffen kann:

Angenommen dein Körper ist gesund, gut versorgt, fit und auch nicht hungrig, dann würden alle Organe gut koordiniert und automatisch arbeiten. Wenn alles in Ordnung ist, nimmst du kein Organ bewusst wahr: Der Herzschlag interessiert dich nicht, Magen, Darm, Leber, Nieren tun ihre Arbeit. Wärst du nun auch noch im *seelischen Gleichgewicht*, hättest keine unmittelbaren Probleme und keine offenen Bedürfnisse, die dich beunruhigen, dann wäre die Welt für dich und deinen Organismus rundum in Ordnung. Du fühlst dich also entspannt im Liegestuhl im Grünen und lässt die ganze körperliche und seelische Chose unbewusst auf *Autopilot* laufen, es gibt ja auch keinen Grund, sich Gedanken zu machen oder aktiv zu werden. Weil dein Gehirn Beschäftigung sucht, mag es sein, dass es dich sogar ein wenig kreativ herumspinnen lässt, was du noch alles tun könntest, z. B. Gleitschirmfliegen, einen Kochkurs machen oder endlich die Modelleisenbahn im Keller aufbauen. Du lebst im Hier und Jetzt mit kleinen Ausflügen in die Zukunft. Nach ausführlichem Chillen hantierst du, nun hungrig geworden, vielleicht in der Küche und schnippelst, von der Problemlosigkeit noch immer reichlich eingelullt, irgendein Gemüse, passt nicht auf und … schneidest dich nur ein ganz klein wenig in den Finger. Es blutet wirklich nur ein bisschen.

Blut zu sehen wirft deine bislang heile Welt nun schlagartig über den Haufen. Auf dieses kleine Schnittchen hin wirst du bereits chaotisch. Da du kein Blut sehen kannst, das eigene schon gar nicht, musst du dich extrem zusammenreißen, um nicht wegen dieser Lappalie umzukippen. Unversehens ergießen sich Stresshormone in dein Blut, dein Herzschlag beschleunigt sich, dein Magen zieht sich schmerzhaft zusammen, deine Verdauung hält inne und du hast plötzlich ein ganz mieses Gefühl im Bauch – denn auch dein Selbstwertgefühl hat einen heftigen Dämpfer bekommen, weil du dich so blöd angestellt hast: *Ich bin verletzt! Hilfe!* Mit der Ausgeglichenheit ist es aus und vorbei und zu allem Überfluss fragt dich dein Verstand, warum du keinen Schutzhandschuh getragen hast, der schon lange griffbereit in der Schublade liegt, genau für solche Schussel wie dich konzipiert.

Um wieder runterzukommen, den seelischen Dämpfer auszugleichen und dich selbst zu trösten, genehmigst du dir nach dem eiligen Verpflastern einen doppelten Schnaps.

Ein zweites Mal rekelst du dich symbolisch im gleichen Liegestuhl, da drängt sich mit Macht ein beunruhigender Gedanke in dein Bewusstsein: War da nicht eine Rechnung, die du unbedingt termingerecht hättest überweisen sollen? Der Ärger, die Aussicht auf Mahnkosten und die Enttäuschung über deine Vergesslichkeit: Das hätte nicht sein müssen. Diesmal reagierst du nicht aus dem Bauch heraus, sondern es ist dein Verstand, der dir den Fehler anlastet. Trotzdem die gleiche Reaktionsfolge: Stresshormone im Blut und körperlich-seelische Reaktionen wie zuvor beim Schnitt in den Finger, aber diesmal mental ausgelöst.

Oder der Klassiker: Ein inneres Bedürfnis tritt auf. Du kannst chillen, so lange du willst, aber irgendwann wirst du zumindest Hunger bekommen. Spätestens wenn dein Magen knurrt, ist es aus mit deiner Ausgeglichenheit: Unruhe erfasst dich und *du bist nicht mehr du selbst,* wenn du Hunger hast. Wieder treten Stresshormone auf den Plan und aktivieren dich, um endlich Essbares zu beschaffen, deinen Hunger zu stillen und damit auch deinen Seelenfrieden wiederherzustellen. Erst danach kannst du in Ruhe wieder auf *Autopilot* schalten.

Man kann sich diese Abläufe modellhaft so vorstellen: Gleich, ob eine innere oder äußere Anforderung an deinen Organismus herantritt: Dein Körper mit seinen Organen, deine Seele und dein Verstand bilden ein extrem stark vernetztes Kontinuum nach dem pfiffigen Prinzip: *Die Befehlsgewalt wandert immer dorthin, wo die größte Anforderung auftritt.* Tut etwas ernsthaft weh, dominieren die Schmerzen die Verhaltensberechnung deines Algorithmus, beim Lösen eines Kreuzworträtsels führt er deine mentalen Fähigkeiten ins Feld und ein Hungergefühl bringt deinen Algorithmus dazu, seine Aufmerksamkeit der Beschaffung von Nahrung zu widmen.

Wie dein Organismus das macht? Die einfache Erklärung lautet: Ein Problem tritt auf, irgendein neuronales Netz in deinem Körper mit der passenden Fähigkeit fühlt sich angesprochen und holt sich die Priorität, indem es unterdrückende Impulse an die anderen Netze sendet. Ist die Aufgabe erledigt, das Problem also gelöst, ist das eben noch aktive Netz zufriedengestellt und regt sich wieder ab – keine blockierenden Impulse mehr, alles okay. Tritt nun ein weiteres Problem auf, kümmert sich das nächste sich zuständig fühlende Netz darum und beansprucht seinerseits die Priorität. Beispiel: In einer Prüfungssituation fließt alle Energie in die Bewältigung der gestellten Aufgaben, die Verdauung wird heruntergefahren, selbst Schmerzen zeitweise ausgeblendet. Ist die Prüfung vorbei, sind die Schmerzen wieder da.

Ist immer nur ein Neuro-Netz in Funktion? Manche Schlaumeier brüsten sich damit, nicht nur eine, sondern mehrere Aufgaben gleichzeitig bewältigen zu können. *Multitasking* nennen sie das. Dieses *Gleichzeitig* passt dem persönlichen Algorithmus aber so gar nicht in die gewohnt seriellen Abläufe – lieber schön eins nach dem anderen. Was macht er also in Wirklichkeit? Beim ersten Durchlauf erledigt der Gute die erste Aufgabe, beim nächsten eben die zweite. Dieses dauernde Umschalten kostet aber viel Energie, muss er doch eine weitere und höhere Ebene zuschalten, die sagt, wer an der Reihe ist, und sich merkt, was jeweils der letzte Stand war, an den man wieder anknüpfen muss. Der Algorithmus selbst hat dazu eine klare Meinung: *Multitasking ist äußerst anstrengend und nichts von allem wird wirklich bestmöglich gemacht.*

Natürlich kann man Auto fahren und sich gleichzeitig unterhalten. Aber bereits mit dem Handy zu telefonieren und sich dabei auch nur ein bisschen auf das Gespräch zu konzentrieren, bringt den Algorithmus in die Bredouille: Seine Aufmerksamkeit wandert zum Gespräch, eben dahin, wo er am meisten gefordert ist. Ein intensives Gespräch, am Handy oder mit der Beifahrerin, womöglich sogar ein heftiges Techtelmechtel oder ein Streit ... jede Tätigkeit, die den Algorithmus stärker in Anspruch nimmt als die andere, verlagert dessen Rechenvorgänge zwangsläufig zum stärker beanspruchenden Thema. Das Autofahren an sich wickelt er nur noch mit *Autopilot* auf niedrigstem Level ab. Beim geringsten unvorhergesehenen Vorfall kann er dann nicht mehr schnell und schon gar nicht bewusst reagieren. – Bis umgeschaltet ist, hat es längst gekracht.

Wie auch immer scheint es keine verortbare Institution zu geben, die in diesem Kontinuum zentralistisch das Sagen hätte. Die Suche nach dem *Ich* hätte insofern wenig Sinn. Es geistert irgendwo im Organismus herum und ist jeweils dort, wo es etwas zu fühlen oder zu tun gibt. Als Regierung dauernd auf Reisen zu sein, hat sich anscheinend bewährt.

Schmerzt dich dein Rücken, mutierst du zum *Rücken-Ich.* Du wirst ganz davon dominiert, den üblen Schmerz zu vermeiden, indem du deine Bewegungen einschränkst. *Jetzt ja nicht bücken oder etwas Schweres tragen.* Liest du ein spannendes Buch, wirst du zum *Lese-Ich,* indem du dich von der Handlung mitreißen lässt und nicht einmal bemerkst, wie dringend du auf die Toilette musst. Das wird dir erst bewusst, wenn du das Buch zuklappst und sich deine Priorität verlagert.

Die Rechenvorgänge in deinem körperlich-seelisch-mentalen Kontinuum sind unaufhörlich im Organismus unterwegs, selbst noch im Schlaf. Sicherlich nicht als wohldefinierte Endlosschleife wie in einem Computer, sondern eher in Form eines höchst dynamischen und unablässig aktiven *Algorithmus*. In Zeiten ohne wesentliche Anforderungen wären eher zufällige, womöglich auch chaotische Abfolgen zu erwarten bis hin zu einer Art kreativem Herumspinnen, sobald jedoch eine ernsthafte Anforderung auftritt, wird sich dein Verhaltensrechner auf diese konzentrieren, gleich ob körperlicher, seelischer oder mentaler Natur. Es kann sich um ein inneres Bedürfnis, z. B. Hunger handeln oder eine äußere Anforderung, z. B. eine Aufgabe zu erfüllen oder einen Angriff abzuwehren.

Wenn nichts Wichtiges anliegt und Langeweile aufkommt, wird der Algorithmus jeden noch so kleinen Anlass zur Hauptsache erklären, sogar die Fliege an der Wand kann dann zum Mittelpunkt aller Empfindungen und Entscheidungen werden. Außerdem wird sich noch zeigen, dass jegliches Organ und jede Funktionseinheit in Anspruch genommen werden *muss*, um nicht aus Gründen mangelnder Effizienz reduziert oder gar körperlich abgebaut zu werden. Daher ist anzunehmen, dass der Algorithmus von Zeit zu Zeit aus Barmherzigkeit auch Bereiche mitnehmen muss, die eigentlich im Moment so gar nichts beizutragen haben, auf die man aber aus Gründen der Daseinsvorsorge nicht ganz verzichten will. Wenigstens die Basisfunktionen sollen erhalten bleiben – auch im Gehirn, wie wir später sehen werden.

Aus dieser Sicht erübrigt sich die Diskussion darüber, ob nun irgendein *Bauch-Gehirn* die Psyche beeinflusst oder eher umgekehrt. Der Gedanke liegt nahe, dass der Algorithmus des Menschen neben seinen Routinetätigkeiten immer dann besonders anspringt, wenn Signale auftreten, die in ihrer Stärke eine bestimmte *Erregungsschwelle* überschreiten. Alles darunter ist langweilig und spielt keine Rolle.

Ein Schaufensterbummel: Die Kleider und Röcke in den Auslagen lassen die junge Frau kalt. Sie entsprechen nicht dem, was sie sucht. Wie ein Blitz durchfährt es sie, als ihr ein Kleid ins Auge fällt, das genau ihrem inneren Suchmuster entspricht. Es hat eine heftige Resonanz zwischen ihren Wunschvorstellungen und der Realität im Schaufenster gegeben. Ein gewaltiger Schuss Belohnungssubstanz ergießt sich in ihre Seele. Euphorisch und höchst motiviert betritt sie den Laden.

Resonanz, Belohnungssubstanz? Geduld, Geduld ... Wie wäre es mit einer Antwort auf die Frage, wie viele verschiedene Persönlichkeiten nach diesem Gedankenmodell in einem Menschen schlummern? Nicht fünf, nicht zehn, sondern ... unendlich viele, je nach Bedürfnislage, Umfeldbedingungen und Höhe des seelischen Pegels. Schon der geringste aus der Gewohnheit fallende Einfluss, wie der Schnitt in den Finger, aber auch stärker belastende oder vorher nie gekannte Situationen können ganz neue, zum Teil sogar völlig überraschende Verhaltensmuster offenlegen.

Bei der Bundeswehr gab es regelmäßig Nachtübungen nach dem Muster »Stoßtrupp und Feldposten«. Das lief in etwa so: Ein Funkwagen, meist auf einer kleinen Anhöhe, sollte durch rundum verteilte Feldposten gegen Angriffe gegnerischer Stoßtrupps in Stärke von meist vier bis fünf Mann geschützt werden. Das hieß: Die eine Hälfte nistete sich gut getarnt rund um den Funkwagen ein, immer mit Überblick und Schussfeld, um die Stoßtrupps abzuwehren, die andere Hälfte versucht, die Kette der Feldposten mit List und Tücke zu durchbrechen, um an die Funkverschlüsselung zu kommen und den Funkwagen zu neutralisieren.

Da liegt man nun stundenlang mehr oder weniger bewegungslos und starrt in die sich ausbreitende Dämmerung. So dunkel, dass die Farbzäpfchen im Auge versagen und das Bild durch die lichtemp-

findlicheren Stäbchen immer mehr schwarz-weiß wird wie früher bei den ersten Fernsehern. Schließlich sind fast nur noch konturlose Schatten zu erkennen. Plötzlich die Trugbilder: Ein Schreck durchfährt mich, haben sich dort nicht die Büsche bewegt, als wenn da einer durchkäme? Mein Algorithmus hat nicht nur die Situation selbst ausgewertet, er hat sogar schon vorausgedacht, was alles passieren <u>könnte</u>. Er drückte von sich aus den Alarmknopf und rüttelte mich auf. Ich muss es nun überprüfen und den Alarm wieder löschen. Und das immer wieder über Stunden hinweg. Unglaublich anstrengend.

Der Stoßtrupp wird rechtzeitig erkannt, gestellt und gefangen genommen. Einer der Festgenommenen schlägt in seinem Frust, mit starrem Blick und ohne Sinn und Verstand, seinem »gegnerischen« Kameraden mit dem Gewehrkolben so hart über den Helm, dass das Griffstück abbricht. Es ist zum Glück nichts weiter passiert, aber der »Gegner« ist eigentlich sein Stubenkamerad und Freund, das hat er in seinem übernächtigten und tief frustrierten Zustand aber gar nicht wahrgenommen. Die Aggression auf den Frust hin musste einfach raus, egal wie ...

Für mich das Wichtigste an meiner Zeit bei der Bundeswehr sind die richtungsweisenden Erfahrungen, wie sich Menschen in Grenzsituationen verhalten, wozu sie fähig sind und welchen körperlichen und seelischen Grenzen man selbst unterliegt – und wie wichtig es ist, sich auf seine Kameraden verlassen zu können. Es ist beeindruckend zu sehen, welch immense Schlagkraft selbst eine kleine Gruppe entwickelt, wenn sie optimal und intelligent zusammenarbeitet.

Eine weitere Erfahrung aus dieser Zeit ist der Zweifel an der Annahme, dieser oder jener Mensch könne keiner Fliege etwas zuleide tun. In bekanntem ruhigem Fahrwasser mag Wohlverhalten leichtfallen, aber in Extremsituationen? Sturm, Wellen, Sandbänke, Untiefen? Den Gewehrkolben über den Kopf? Es ist kaum möglich vorherzusagen, wie sich ein Mensch in einer neuen, ihn möglicherweise körperlich oder seelisch überfordernden Situation verhalten wird, wie sein Algorithmus in einer kritischen Situation seine Prioritäten setzt – besonders dann, wenn der Mensch bereits seelisch angeschlagen ist.

Zurück zum *Schaufenstereffekt* und der unwiderstehlichen Resonanz, die ein so sehr ersehntes Suchmuster auslöst, ganz gleich ob es eigentlich entbehrlich, unmoralisch oder gar kriminell ist:

Eine der wichtigsten präventiven Maßnahmen besteht folgerichtig darin, Situationen zu meiden, die eine solch überbordende Resonanz und damit eine kaum mehr zu bändigende Motivation in Gang setzen könnten. Wenn die Prämisse z. B. *Sparen* lautet, dann am besten keine Schaufensterbummel mehr: Resonanz weg, aber Geld noch da. Doch was dann? Kann man auf die damit ebenfalls *eingesparten* erhebenden Gefühle einfach so verzichten?

Die Schlussfolgerung: *Der Mensch arbeitet mit einem biologischen Algorithmus als Verhaltensrechner: Sein Gehirn ist die Hardware, sein Algorithmus die Software.*

Was ist nun erste Aufgabe eines Algorithmus? Sich ein realistisches Bild seiner inneren und äußeren Umgebung zu verschaffen – das ist der Klassiker beim Aufwachen: *Wo bin ich? Was ist los?*

Wie schwer sich eine solche Aufgabe darstellt, lässt sich erst so richtig einschätzen, wenn man eine derartige Standortbestimmung mit einem Roboter versucht, z. B. mit einem humanoiden Roboter wie meinem kleinen *Roby*. Er ist nicht viel mehr als einen halben Meter groß. Auf mein fröhliches »Hi Roby, wie gehts?«, schaut er mich mit großen Augen an, verharrt kurz, bis seine Gesichtserkennung mich identifiziert hat, und begrüßt mich mit den Worten »Ich kenne dich, du bist Wolf. Wie geht es dir heute, Wolf?« Das sind die einfacheren Übungen.

Roby verfügt über hochauflösende Bilder aus seinen Kameras und Audiodateien aus seinen Mikrofonen. Nun soll er diese Ansammlung von Pixeln und Lautschnipseln so interpretieren, dass er sich in seiner Umgebung zurechtfinden und seiner Aufgabe gemäß *richtig* verhalten kann. Das ist allerdings alles andere als einfach. Das Wichtigste dabei ist das Zuordnen von *Bedeutung*: Was ist ein Mensch, ein Tisch, ein Stuhl? Roby soll einmal in der Lage sein, diese Gegenstände *bewusst* wahrzunehmen.

Fragen wir uns aber zunächst, wie das beim Menschen geht.

Wahrnehmung

Die Videokameras von Roby geben eine *objektive Realität* wieder. Jeder Betrachter würde im Video dasselbe sehen – aber durchaus Unterschiedliches *wahrnehmen*, ganz abgesehen davon, dass es einen gehörigen Unterschied macht, ob man sich in Ruhe am *grünen Tisch* eine Szene anschaut oder unmittelbar in die Situation verwickelt ist. – Unter Stress wertet der Organismus andere Merkmale aus und verfolgt andere Ziele als im entspannten Zustand.

Im Prinzip handelt es sich bei deinem Algorithmus um einen grandiosen Verhaltensrechner. Dieser erfasst die aktuelle Situation mit all seinen Sensoren und konstruiert daraus deine ganz subjektive Realität: Es ist *deine* Wahrnehmung und nur deine. Aber Überraschung: Diese hat mit der objektiven Realität nicht allzu viel zu tun, denn Wahrnehmung ist die *Interpretation* einer objektiven Situation im Sinne *deiner* subjektiven Interessen und Erfahrungen.

Bevor dein Algorithmus dir deine subjektiv wahrgenommene Realität auf deinem inneren Bildschirm präsentiert und vielleicht sogar bewusst macht, hat er viele andere Einflüsse eingearbeitet. Das bedeutet: *Objektive* Realität bearbeitet mit einer Art *Hirn-Photoshop* ergibt die dir von deinem Algorithmus präsentierte *subjektive* Realität. Je angespannter deine Seelenlage, desto mehr Verfälschung. Da du nur diesen einen inneren Bildschirm hast, bleibt dir nur übrig, zu glauben, was der dir zeigt. Es ist deine subjektive Wahrnehmung, deine persönliche *Wahrheit*. Für dich gibt es nichts anderes, du musst es glauben, selbst wenn dein Algorithmus dir eine völlig aus der Luft gegriffene Fata Morgana zeigen sollte: Du kannst es nicht wissen, du musst ihm vertrauen. Mach aber nicht den Fehler zu glauben, ein anderer hätte in derselben Situation das Gleiche auf dem Schirm wie du!

Welches Interesse, wirst du dich fragen, sollte dein eigener Algorithmus denn haben, dir deine persönliche Realität vorsätzlich und systematisch dermaßen zu verfälschen? Wenn du dich beim Errechnen deines Verhaltens an einer manipulierten, mehr oder weniger falschen Realität orientierst, handelst du dir doch unkalkulierbare Risiken ein?

Gute Frage. Aber wenn es doch so ist? Jedes offene Bedürfnis verändert deine Wahrnehmung: Mit einem wahren Bärenhunger interessiert dich doch nur noch Essbares. Auf deinem Bildschirm erscheint dir dein Umfeld nur noch nach Essbarem gefiltert. Energieversorgung hat eben höchste Priorität! Mit Magenknurren einem Vortrag folgen? Nur ein Übermensch könnte sich da noch konzentrieren.

Die objektive Realität hat auch wenig Chancen, wenn du seelisch nicht gut drauf bist und halb depressiv herumhängst. Je weiter unten du seelisch bist, desto mehr bist du bereits bei alltäglichen Anforderungen überlastet und desto stärker macht dir dein Algorithmus Angst: Er übertreibt bedrohliche Aspekte der objektiven Realität und zeigt dir überall Risiken und Gefahren: *Alle sind gegen dich und die Welt ist böse.*

Dann lieber verliebt: Auf Wolke sieben mit einem überhohen seelischen Pegel lässt dich die gleiche Realität federleicht schweben: Die Welt ist zum Umarmen schön, die Farben schillernd und die Zukunft rosarot. In deiner Euphorie traust du dir so ziemlich alles zu.

Aber da ist ja noch die Erfahrung. Zum Glück, so meinst du nun sicher, kannst du dich wenigstens auf dein Gedächtnis verlassen! – Aber denkste: Glaubst du wirklich, was du schon mal erlebt und in deinem Gedächtnis abgelegt hast, könntest du immer wieder im Original abrufen? Ohne dass vom Algorithmus daran herummanipuliert wird? Leider nicht. Bereits beim Abspeichern wird massiv gefiltert: Nur was deinem Algorithmus *wirklich wichtig* erscheint, wird ins Archiv verfrachtet. Etwas Beiläufiges ist es nicht wert, abgespeichert zu werden, umso mehr aber Vorgänge, die dich persönlich oder unmittelbar stark betreffen. Diese *Highlights* gelangen besonders nachhaltig in dein Archiv. Ein heftiges Schockerlebnis wiederum setzt dich unter so starken Stress, dass davon nur die gröbsten *Basics* eingelagert werden. – Dann kannst du dich einfach nicht an Einzelheiten erinnern.

Deine Erfahrungen sind in deine neuronalen Netze eingebettet – gut untergebracht sind sie da nicht. Nur selten oder gar nicht aufgerufen, gehen vor allem die Details mit der Zeit verloren. Permanente Speicherung kostet zu viel Energie und es ist nicht effizient, unwichtige Daten zu erhalten, eine grobe Übersicht über Vergangenes muss genügen. Es sind sowieso immer nur Bruchstücke deiner realen Erfahrungen im Speicher, die bei jedem Abruf wieder irgendwie zu einer dir selbst plausibel erscheinenden Szenerie *rekonstruiert* werden müssen.

Diese Rekonstruktion ist aber vielen Einflüssen ausgesetzt: Bereits, wenn du ein wenig down bist, erscheint dir deine Erinnerung grau in grau eingefärbt, im halb depressiven seelischen Zustand wird dir eine unschöne Erinnerung womöglich Angst machen und unter besonders starkem Stress, z. B. bei einer Prüfung, kann es sein, dass du blockiert bist und gar nichts mehr abrufen kannst.

Die Rekonstruktion des Erinnerten zu einer *Erinnerung* kann auch durch äußere manipulierende Einflüsse massiv verfälscht werden. Julia Shaw[1], Rechtspsychologin aus London, konnte nachweisen, dass sich allein durch immer wiederkehrende geschickte Fragetechnik auf Dauer sogar frei erfundene Straftaten ins Gedächtnis einer Versuchsperson *implantieren* ließen. Diese hatten zwar nie stattgefunden, doch die Person selbst glaubte auf Dauer an ihre extern gefälschte Erinnerung. – Die Art der Befragung von Zeugen kann im Sinne gewünschter Ergebnisse sehr manipulativ sein. Aber auch ohne solche Eingriffe widersprechen sich Zeugenaussagen in der Regel: Der eine hat den Unfall *so* gesehen, der andere schwört Stein und Bein, dass es sich genau umgekehrt abgespielt hat.

Aufgrund seines höchst subjektiven Filters gibt es für einen Menschen keine objektive Sicht auf die Realität. Menschen mit einer innerlich besonders stark verfremdeten Wahrnehmung hoffen und behaupten sogar, es gäbe gar keine objektive Realität. Ihre Angst ist verständlich, denn die ungeschminkte Realität kann durchaus zum Fürchten sein; sie ist hart, kompromisslos und lässt keine Spielräume.

Unabhängig davon wird deine noch so löchrige, grobkörnige und wenig vertrauenswürdige Erfahrung in die aktuelle Wahrnehmung eingearbeitet. Eine einzige in einer ähnlichen Situation gemachte schlechte Erfahrung reicht aus, um bei der Einschätzung der aktuellen Sachlage zutiefst befangen zu sein. Schnell sind alle Männer rücksichtslos, alle Frauen untreu und die Bahn nie pünktlich.

Auch positive Erlebnisse spiegeln sich in deiner inneren Präsentation wider: Warum soll es nicht ein weiteres Mal gut gehen? Der Bursche auf dem dunklen Parkplatz ist doch bestimmt harmlos und die Bahn auf dem Weg zum Flughafen pünktlich? Wenn dir jemand sympathisch ist, siehst du an ihm eher die positiven Seiten. Magst du jemand so gar nicht leiden, traust du diesem miesen Kerl oder jener arroganten Zicke hingegen so ziemlich alles zu.

Grenzwertig verfremdet indes erscheint die Realität oftmals dann, wenn Ideologien oder ein Glaube, womöglich in extremer Form, mit von der Partie sind. Der Algorithmus verengt dann die Wahrnehmung so sehr, dass die ideologische Sicht mit der objektiven Realität fast nichts mehr gemein hat. Jede Diskussion wird sinnlos und zu bewegen ist nichts mehr. Hat der Algorithmus einmal fern der Realität sein Flussbett gegraben, verengt und vertieft sich dieses ganz von selbst immer weiter. Dann ist es nicht mehr weit zu Gewalt, Extremismus und Terror. Ein übermächtiges, fast nicht mehr kontrollierbares Bedürfnis kann schließlich zur totalen Fehleinschätzung einer Situation mit nachfolgendem Fehlverhalten führen, da der Algorithmus bei der Berechnung des Verhaltens von völlig überzogenen Wunschvorstellungen dominiert wird. Wird ein Mann von einer heiß begehrten Frau angelächelt, schließt er daraus womöglich: *Die ist sicher scharf auf mich. Nichts wie ran!* Aber vielleicht war sie einfach nur höflich.

Es muss nicht unbedingt ein Bedürfnis von innen heraus sein. Auch Menschen, die sich einer ihnen wichtigen Sache mit Haut und Haar verschrieben haben, neigen aus purer Fehleinschätzung dazu, zu glauben, ihnen sei zur Durchsetzung ihrer hehren Ziele nun alles erlaubt:

Die Ursache für das Extrem: Der Algorithmus des Radfahrers dreht sich fast ausschließlich um sein persönliches Thema. Nur noch daraus gewinnt er seelische Energie. In seiner Überheblichkeit fühlt er sich dem *Klimasünder* moralisch überlegen und leitet daraus die Berechtigung ab, diesen provozieren und schließlich Macht über ihn auszuüben zu dürfen. *Er* bestimmt, ob überholt wird oder nicht, denn für einen *seiner Meinung nach* unzweifelhaft guten Zweck muss schließlich alles erlaubt sein. – Ideologie statt Übersicht und sozialem Empfinden und Denken.

Wie das? Andere seelische Quellen, seine Freunde beispielsweise, müssen zurückstehen und zuschauen, wie er sich – ohne darüber hinaus zu denken – immer weiter in sein *Gutmenschentum* hineinsteigert. Die Gefahr solch einseitigen Engagements ist die gleiche wie bei Drogen: Die Dosis muss immer weiter erhöht werden. Seine Verhaltensweisen werden damit zwangsläufig verbissener und seine Aktionen extremer.

Langsam aber sicher wird aus dem eben noch akzeptablen Idealisten ein starrköpfiger Tyrann mit der giftigen Traumvorstellung einer öffentlichen Verbrennung aller SUVs unter dem Beifall gleichgesinnter Massen. *Gute* Menschen müssten das gegen *schlechte* Menschen doch tun dürfen!

Auch esoterische Strömungen jeglicher Art entstammen dem reichhaltigen Werkzeugkasten deines Algorithmus. Wenn das Schönen und Manipulieren der Realität den seelischen Abwärtstrend immer noch nicht aufhalten kann, dann muss er halt zu Illusion und Fata Morgana greifen. Wie in einem Science-Fiction-Film sind dann der Fantasie keine Grenzen mehr gesetzt.

Das kann alles nicht wahr sein? Doch! Es scheint nur so, als ob die Natur da irgendwie chaotisch arbeiten würde, ist aber nicht so, denn es gibt im Hintergrund eine nicht verhandelbare Größe: *Einen Minimalpegel an Energie, der auf keinen Fall unterschritten werden darf.* Ohne diese Minimal-Energie würde das Lebewesen in die Depression fallen und – ohne Unterstützung anderer – nicht mehr lebensfähig sein.

Dein Algorithmus ist da kompromisslos: Wenn es ums Überleben geht, rechtfertigt das für ihn sogar Lug und Trug, notfalls auch Gewalt. – Sogar Gewalt gegen den eigenen Träger. Beispiel Heißhunger: Wenn der Energiepegel unter eine kritische Grenze zu fallen droht, zwingt dich dein Algorithmus dazu, den Kühlschrank zu plündern – mentaler Widerstand zwecklos, eine unkontrollierbare Fressattacke wird als letztes Mittel eingesetzt, dich durch diese Kompensation vor dem seelischen Absturz zu bewahren. Seelisches Überleben hat einfach unbedingten Vorrang.

Körperliche und seelische Energie

Bisher war immer von *Energie* die Rede: Eine die ich körperlich freisetzen kann, indem ich jogge oder Holz spalte – oder welche Energie sollte denn sonst gemeint sein?

Bei meinem Roboter *Roby* ist es einfach: Da ist Robys Körper mit Armen und Beinen, die eben nicht durch Muskeln, sondern vielen Elektromotoren bewegt werden. Die Software sorgt dafür, dass jeder der Motoren seinen Strom so erhält, dass Roby z. B. winkt, ein paar Schritte macht oder nach einem Glas greift; elektrische Energie für die Motoren und die gleiche für die Recheneinheit, die mittels der Software das Verhalten des Roboters berechnet. Solange der Akku elektrische Energie liefert, gibt es keinen Grund für irgendwelche Einschränkungen in seiner Leistung. Ein Roboter kennt weder Müdigkeit noch Motivationsschwäche.

Beim Menschen werden die Muskeln als ausführende Elemente des Körpers nicht mit elektrischer, sondern chemischer Energie betrieben. Der entscheidende Unterschied besteht aber darin, dass es beim Menschen für die *Berechnung seines Verhaltens* nicht ausreicht, genügend chemische Energie im Gehirn bereitzustellen, vielmehr ist *zusätzlich eine Art Steuerungsenergie* nötig, damit der Algorithmus überhaupt arbeiten kann.

Ein Beispiel: Stellen wir uns Max vor, gestählt im Fitnesscenter, fähig und bereit, Bäume auszureißen. Aber er hängt antriebslos herum, weil ihn seine Freundin verlassen hat. Ein Kerl voller körperlicher Energie wird gelähmt durch einen Mangel an *Steuerungsenergie*, hier *seelische Energie* genannt. Selbst wenn sein Gehirn noch so gut mit Zucker als chemischer Energie versorgt sein sollte, kann er keine Motivation für irgendetwas aufbringen. Ganz ohne *seelische Energie* befindet sich sein Organismus im Stadium der *Depression*. Und in der *Depression* läuft gar nichts. – Wir werden noch davon hören, denn wir wollen herausfinden, warum in aller Welt die Natur das System *seelische Energie* eingerichtet hat.

Beim Menschen gibt es einen weiteren wesentlichen Unterschied zur Arbeitsweise eines Roboters: Mit vollem Akku ist Roby mit seinen Motoren im Körper, seinem Computer im Kopf und dessen Software voll einsatzfähig. Der Roboter schaltet sich ab, bevor sein Akku ganz leer ist. Demgegenüber kennt das menschliche Gehirn bei sinkendem chemischem wie auch seelischem Energiepegel Zwischenzustände, was die Präzision seiner körperlichen Abläufe wie auch die seines Algorithmus betrifft. Eine Studie der *University of Bristol*[2] hat sich mit dem Zusammenhang zwischen Energieversorgung des Gehirns und mentaler Leistungsfähigkeit beschäftigt und kommt zu dem Ergebnis: Ist das Gehirn nicht ausreichend mit chemischer Energie versorgt, erhält es zunächst die Grundfunktionen aufrecht, um den Organismus am Laufen zu halten. Die geistige Leistungsfähigkeit, die als Letztes mit Energie versorgt wird, bricht dadurch ein und man kann nicht mehr klar denken. Die Folgerung ist, dass es eine geschichtete Struktur im Algorithmus geben muss: Auf unterster Schicht sind die *Basics*, die lebensnotwendigen Abläufe, darüber die *Komfortschichten*, die nur bei besonders guter Versorgung mit *chemischer* und *seelischer* Energie ins Spiel kommen – je größer der Mangel an diesen Energien, desto geringer die Performance des Menschen.

Heutzutage besteht in der Regel kein Mangel an chemischer Energie durch Hunger mehr, die Begrenzung der Leistungsfähigkeit muss daher von einer ungenügenden Versorgung mit seelischer Energie herrühren.

Ein alltägliches Beispiel: Wie gewinnen wir seelische Energie und wie verlieren wir sie? Zum Vergleich: Die Sonne scheint und der Morgenkaffee mit der wohlgelaunten Familie schmeckt vorzüglich. Die Verkehrslage ist kommod. Im Büro eine motivierende Aufgabe und die Kollegin hat Kuchen mitgebracht. Seelische Energie fließt reichlich zu: Ein guter Tag.

Oder: Regenwetter und Kopfschmerzen ziehen runter, die Kinder nerven schon beim Frühstück, der Verkehr ist chaotisch. Zu spät dran, der Chef wartet schon, eine lästige Besprechung steht an und die Kollegin ist kurz angebunden. Seelische Energie fließt in Strömen ab: Ein ausgesprochen mieser Tag.

Investition, Gewinn und Motivation

Was ist das Wesen der *seelischen Energie?* Klären wir das am Beispiel *Hunger*: Ein chemisches Defizit baut sich auf, indem im Blut die Konzentration von Glucose (Traubenzucker) absinkt. Eine größere Abweichung vom Normalzustand gefährdet vor allem die Energieversorgung des Gehirns. Dein Algorithmus muss nun schnellstens ein Verhalten errechnen und einleiten, um den Zuckerpegel wieder auf Normalhöhe zu bringen. Das tut er, indem er ein *Hungergefühl* erzeugt und dich damit auffordert, für Nahrung zu sorgen. Dieses unbefriedigte Bedürfnis *Hunger* bedeutet nach dem Modell der seelischen Energie die Belastung eines fiktiven seelischen Kontos. Je größer der Hunger, desto stärker sinkt der seelische Kontostand ab und muss durch Essen wieder aufgefüllt werden.

Dein wegen des Hungers unbefriedigter Algorithmus hat also den Auftrag, Nahrung zu beschaffen. Diese Aufgabe erfordert die Investition von Energie, also tröpfelt dein Algorithmus ein bisschen Adrenalin ins Blut und schon ist Energie zum Investieren da, um das Umfeld auf Nahrung hin abzuscannen. Besonders gesucht ist Zucker, da dieser kaum Energie zu seiner Verdauung benötigt, sozusagen netto und steuerfrei genossen werden kann. Ein Apfel gerät ins Blickfeld. Wie bei dem Kleid im Schaufenster entsteht starke Resonanz zwischen deinen bedürftigen neuronalen Netzen und dem lockenden Apfel mit der Aussicht auf Befriedigung des Hungers. *Her mit dem Apfel und aufgegessen!* Zucker satt und der Blutzuckerspiegel ist wieder im Normalbereich.

Was macht nun dein Algorithmus? Er schüttet dir in Anerkennung deiner erfolgreichen Aktion *Belohnungssubstanz* aus, die nicht nur dafür sorgt, dass das Hungergefühl verschwindet, sondern dir darüber hinaus die *Empfindung eines Genusses* und weitere *gute*

Gefühle verschafft. Du bist befriedigt, dein seelisches Konto ist wieder ausgeglichen.

Was sind nun Belohnungssubstanzen? Mit dieser belohnt der Algorithmus im Auftrag der Natur seinen Träger, den Menschen, für eine erfolgreich ausgeführte Aktion, indem er *Glückshormone*, vor allem Dopamin, je nachdem aber auch Endorphine, Serotonin oder Oxytocin usw. ausschüttet. Diese Belohnungssubstanzen werden z. B. in besonderen Bereichen des Gehirns freigesetzt und verschaffen beim Andocken an spezielle Rezeptoren in Körper und Geist Wohlgefühl. – Belohnungssubstanzen sind also das chemische Pendant zur seelischen Energie und füllen beim Andocken dein seelisches Konto wieder auf. Im Übrigen hast du mit deinem erarbeiteten hohen seelischen Pegel Mutter Natur bewiesen, dass sich eine Investition in dich lohnt. Sie revanchiert sich entsprechend: Dein gestärktes Immunsystem tötet alles Schädliche bereits im Vorfeld ab, deine Organe laufen wie geschmiert, dein Hirn erblüht in voller mentaler Pracht und rundum herrscht Wohlbehagen: Energie in Fülle, innere Ruhe, hohes Selbstwertgefühl und zielgerichtete Tatkraft, dazu Widerstandsfähigkeit gegen jegliche seelische Unbill – *Resilienz* würde man heute Letzteres nennen.

Bleiben hingegen Erfolge aus und die Belohnungsrezeptoren offen und unbefriedigt, lässt dir dein Algorithmus schlechte oder gar belastende Gefühle und Ängste entstehen, die den Drang weiter verstärken, endlich für Erfolge und Befriedigung zu sorgen.

Da ist aber noch eine Kleinigkeit: Wenn ich die Motivation meines Roboters berechnen will, um zum Stillen seines Hungers einen Apfel vom Baum zu pflücken, ergibt dies nur dann mit menschlichem Verhalten übereinstimmende Ergebnisse, wenn ich voraussetze, dass das Gefühl einer Belohnung nicht erst beim Pflücken und Verzehren des Apfels selbst entsteht, sondern als eine Art *Vorfreude* bereits beim Anblick und der Vorstellung, bald diesen attraktiven Apfel genießen zu können.[3] Wird der Apfel beim Pflücken dieser Voreinschätzung tatsächlich gerecht, ist alles okay und der Roboter befriedigt. Dem kann ich das einprogrammieren. Beim Menschen geschieht ähnliches, eben über *chemische* Prozesse: Erscheint der ins Visier genommene Apfel ansprechend, werden chemische Steuersubstanzen ausgeschüttet, die eine Motivation bewirken, den Apfel zu pflücken. Ist der gepflückte Apfel gar noch größer, röter und süßer als erwartet, bestätigt sich nicht nur die Vorfreude, sondern es fließt zusätzliche seelische Energie als *Gewinn* zu.

Zeigt sich der Apfel wider Erwarten aber eher minderwertig, auf seiner Rückseite z. B. von Vögeln angepickt oder angefault, tritt das Gefühl der *Enttäuschung* auf den Plan – mit erheblichem Abfluss seelischer Energie. Durch zu hohe Erwartung, eine falsche *Vorkalkulation* sozusagen, hat man sich getäuscht und ist böse *enttäuscht* worden. Der als Vorfreude bereits vorweggenommene *Vorschuss* an seelischer Energie muss nun zurückgezahlt werden. Es ist dieser Abfluss an seelischer Energie, der nach einer erfolglosen Aktion schlechte Gefühle verursacht und das seelische Konto belastet.

Um nicht immer wieder enttäuscht zu werden, sollte die Einschätzung einer Chance zur Investition möglichst realistisch sein. Dies gelingt im seelischen Gleichgewicht am besten.

Die *Belohnungserwartung*, also der voraussichtliche Ertrag der anvisierten Aktion, ist übrigens ein wichtiger Parameter für die innerlich entwickelte Motivation. Setzt du deine Belohnungserwartung zu hoch an, erwartest also zu viel, wirst du zwar hoch motiviert, jedoch im Falle eines Misserfolgs auch zutiefst frustriert. Schätzt du deine Gewinnchancen hingegen unter Wert ein, wird deine Motivation nicht ausreichen, diese eventuell gute Chance zu nutzen. Erstrebenswert ist also eine möglichst realistische Einschätzung deiner Chancen. Es ist die Hauptaufgabe deines Algorithmus, deine Kräfte im täglichen Leben durch *realistisches* Erfassen einer Situation so effizient wie möglich einzusetzen.

Noch anspruchsvoller wird die Aufgabe, wenn das Objekt der Begierde kein frei verfügbarer Apfel ist, sondern selbst ein Wörtchen mitzureden hat: Wie sollte man denn dann die Situation und seine Chancen realistisch einschätzen?

Georg auf einer Studentenparty: Auf einer der Bananenkisten sitzt ein hübsches Mädchen mit Drink in der Hand, die Beine übereinandergeschlagen. Sie beobachtet belustigt die Szene. Er hat sie noch nie gesehen, aber sie ist ganz nach seinem Geschmack: dunkles Haar, tiefbraune Augen, gute Figur, nicht zu groß, nicht zu dünn, orientalischer Touch. Darauf fährt Georg ganz besonders ab. Ihre Ausstrahlung ist für ihn höchst erotisch. Leicht beschwipst geht seine Fantasie mit ihm durch: Tausend und eine Nacht. Der Duft des Orients ... Eben hat es Theo versucht, der probiert es ja bei jeder. Mit Bierfahne und etwas zu siegessicherem Auftritt ist sein Annäherungsversuch gescheitert und er für alle sichtbar abgeblitzt. Verlegen grinsend machte er sich seitwärts vom Acker. Für Georg ist sie letztlich einfach zu hübsch, um sie anzusprechen, verständlich die Angst vor möglicher Zurückweisung. Angst als Zeichen seines niedrigen seelischen Pegels lässt sein Selbstwertgefühl mitsamt seiner Motivation drastisch schrumpfen. Schade! Zum Trost ein weiteres Bier. Die Schöne lächelt tiefgründig.

Es muss passen! Zu viel der Erwartung fordert Enttäuschung heraus, zu wenig mindert die Motivation. Zu wenig Einsatz bringt nichts, zu viel kann sogar Schaden anrichten. Die Kunst eines Algorithmus besteht darin, das richtige Maß zu treffen. Voraussetzung dazu ist es, die Situation bezüglich ihrer Chancen und Risiken *realistisch* einzuschätzen.

Wenn besonders starke Bedürfnisse unbefriedigt bleiben, können sie das Seelenkonto bis zur Depression niederdrücken:

Chloe hat Sehnsucht nach ihrem Liebsten. Ihre offengebliebenen Glücksrezeptoren lassen sie schlimm leiden. Beim Wiedersehen ist die Folge eine Überschwemmung der Rezeptoren mit Belohnungssubstanz und Glücksgefühle satt.

Aufgrund großer natürlicher Streuung in der Auslegung eines Organismus kann die Stärke dieser Glücksgefühle bei vergleichbarer Erfolgshöhe von Mensch zu Mensch recht unterschiedlich ausfallen. So schüttet das Gehirn von Max für ein und denselben Erfolg mehr Belohnungssubstanz aus als das von Moritz. Dieser muss also für zahlreichere und größere Erfolge sorgen, um auf den gleichen seelischen Level zu kommen wie Max: Er muss sich nicht nur stärker ins Zeug legen, sondern auch ein gewisses seelisches Defizit und damit häufigere Anflüge von Melancholie in Kauf nehmen und damit klarkommen. Das ist nicht wirklich gerecht, aber so ist die Natur eben.

Auch ein fortschreitendes Lebensalter ändert die Verhältnisse: Es ist weniger Energie zum Investieren da und auch weniger für die Belohnung. Das heißt: Je älter man wird, bei desto geringeren Anforderungen gerät man bereits in Stress und desto mehr gilt es, sich bei der Beschaffung seelischer Energie auf noch machbare Aktionen zu konzentrieren und in Betracht zu ziehen, dass eine erfolgreiche Aktion nicht mehr das gleiche erhebende Gefühl auslöst wie in der Jugend.

Um ein Ziel zu erreichen und die fällige Belohnung zu kassieren, ist in der Regel Aufwand zu betreiben. Simpel ausgedrückt: Mit Adrenalin Energie investieren und Dopamin als Belohnung und seelischen Ertrag einfahren. Nach diesem Muster von *Investition* und *Ertrag* wickelt der Algorithmus alle seine Geschäfte ab – manchmal mit Erfolg, ein andermal geht es schief. Verlorene Liebesmüh beispielsweise. Dann fließt eben seelische Energie ab.

Wie bei jedem Konto kommt es auf die Gesamtbilanz an; der *mittlere Pegel* an seelischer Energie spielt die Hauptrolle.

Nicht nur bei der Wahrnehmung, auch in anderen Bereichen geht die Natur in großer Streubreite mit ihren Lebewesen um: kein deutscher Industriestandard 4.0 mit präzisen oder sogar austauschbaren Produkten in Serie, dafür lauter schlampig dahingeworfene Unikate mit superbreiter Streuung in ihren Eigenschaften und Fähigkeiten, viele davon sogar körperlich oder mental hart auf Kante genäht. Die Natur wirft all diese Unikate auch mit ihren vielen Variationen und auch noch so doofen Macken auf den Markt von *Wohlleben und Fortpflanzung* und lässt das Ganze dort vor sich hin köcheln. Nichts wie raus mit immer neuen Versionen: groß, klein, dick, dünn, gescheit oder nicht, teils mit absonderlichen Macken und furchterregenden Vorlieben. Die ganze Mischpoke wird auf den großen Markt geworfen, um sich dort zu bewähren. Mal sehen, wer sich unter den gegebenen Umständen durchsetzt und vermehrt, wer sich der aktuellen Umwelt und seinem persönlichen Umfeld am besten anpasst oder es nach seinen Wünschen selbst formt.

Die Natur erschafft in der ihr eigenen pragmatischen Art nach dem Gießkannenprinzip Lebewesen, die in der Lage sind, sich nicht nur an die eben herrschenden Verhältnisse anzupassen, sondern die darüber hinaus so flexibel agieren können, dass sie auch schnellen und extremen Veränderungen ihrer Umwelt, z. B. durch Vulkanaktivitäten, Einschläge von Meteoriten oder auch einem galoppierenden Klimawandel gewachsen sind. Das Rezept der Natur: Nicht nur das Gegenwärtige beherrschen, sondern darüber hinaus durch breiteste

Streuung Vorkehrungen für Überraschendes treffen! Die Nachteile einer Strategie überbreiter Streuung sind hohe Kollateralschäden durch viele nicht genügend angepasste Individuen: zu hohe Bevölkerungsdichte, daher Hunger, Krankheiten und Verteilungskämpfe.

Der Natur ist das alles egal, sie hat weder ethische noch humane und schon gar keine humanistischen Hemmungen. Sie ist ja auch niemand Fassbares, verfügt weder über Plan noch Ansprechpartner, nicht einmal über das gesetzlich vorgeschriebene Impressum, und setzt voll und ganz auf das Prinzip *Versuch und Irrtum*. Die enormen Kollateralschäden nimmt sie ungerührt in Kauf. Es hat ja im Großen und Ganzen bis jetzt gut funktioniert.

Der Mensch jedenfalls ist ein Sonderfall, denn er macht sein eigenes Ding, indem er sich unbegrenzt vermehrt und die Natur ausplündert. Durch Überbevölkerung, Klimawandel und schwindende Ressourcen droht der Mensch sich in eine selbst verursachte Krise treiben zu lassen, die zwar die Natur auf lange Sicht kalt lässt, dem Menschen selbst aber schadet. Um eine selbst gemachte Klimakatastrophe zu vermeiden, wären Intelligenz und systematische geistige Weiterentwicklung des Menschengeschlechts nötig.

Erfolg

Es stellt sich die Frage, wem die Existenz des Menschen eigentlich dient und zu wessen Wohl sein Algorithmus ausgelegt ist. Ist der Mensch – wie jeder Organismus der übrigen Natur auch – als eigene Existenz und für sein eigenes Wohl geschaffen und mit einem Algorithmus versehen, der ihn in jeder Lage unterstützt?

Nein, ist er nicht. Es muss doch stutzig machen, dass Menschen zuweilen in eine tiefe Depression fallen und sich das Leben nehmen. Wenn es hart auf hart geht, lässt uns unser Algorithmus schändlich allein und leitet sogar die Selbstzerstörung ein.

Es ist ganz einfach: Wenn du Erfolg hast, wird dich dein Algorithmus fördern und mit guten Gefühlen belohnen. Versagst du aber, bestraft er dich durch seelische Nöte. Und wenn du dich nicht besinnst und nicht wenigstens die Hoffnung auf ein paar kleine Erfolge nährst, gibt er dich auf und lässt dich gnadenlos fallen.

Damit wäre auch die Frage beantwortet, wie die Natur mit ihren Lebewesen umgeht: Sie wirft sie einfach so, wie sie eben geworden sind, in die Welt und erwartet *Erfolge* von ihnen, kein bisschen anders als ein eiskalter Investor, der seine Anlagen breit streut und als Investitionen ansieht, die sich gefälligst zu lohnen haben – möglichst schnell; Effizienz, Effizienz! Nicht lohnende Investitionen werden nicht unterstützt und schließlich aufgelöst.

Der Erfolg einer Firma lässt sich am Gewinn ablesen, was aber soll *Erfolg* für einen Organismus sein? Auf kurze Sicht bedeutet es, dass er genügend Belohnungssubstanz erarbeitet, einen hohen seelischen Pegel erreicht und damit nachweist, dass er gut an die gegenwärtigen Verhältnisse angepasst ist. Dann wird er mit Wohlergehen und einem hohen Selbstwertgefühl belohnt. Aber muss das wirklich sein? Denn auf längere Sicht und als Ziel der ganzen Investition überhaupt gilt es, sich in die nächste Generation hinein fortzupflanzen. Das wäre das Wichtigste: *sich zu erhalten und fortzupflanzen.* Unter welchen Bedingungen dies letztlich geschieht, wie die Lebewesen sich selbst fühlen, ob sie gut versorgt oder ihr Leben im Kampf gegen Raubtiere, Stress, Entbehrungen, Hunger, Krankheiten und widrige Ihresgleichen führen müssen, ist für die Natur ohne Belang.

Nicht ohne Grund kommen so manchem Denker gewisse Zweifel ob der Sinnhaftigkeit des Lebens insgesamt. Wenn man das breitgestreute *auf den Markt werfen und schauen was sich behauptet* als

Strategie einer natürlichen Entwicklung ansieht, ließe sich als durchaus beabsichtigtes Ziel der Natur leicht herausdeuten, dass sie ihre Lebewesen automatisch zu immer größerer Widerstandsfähigkeit gegen lebensfeindliche Eventualitäten weiterentwickelt, allerdings mit riesigem Kollateralschaden an den vielen, die es nicht schaffen. Widerstandsfähig gegen Naturkatastrophen wie Vulkanausbrüche, Meteoriteneinschläge, Klimawandel, Krankheiten aller Art und was auch immer.

Als die Dinos ausstarben, haben die in ihrer Entwicklung höherstehenden Säugetiere überlebt. Aus Sicht der Natur wäre ihrem Entwicklungswunsch am besten gedient, wenn die jeweils nächste Generation der Menschheit wenigsten ein bisschen weiter entwickelt wäre als die vorhergehende, denn inzwischen ist es doch der Mensch selbst, der die Natur als Ganzes bedroht, der durch Allmachtsstreben und naturfeindliches Handeln wie Übervölkerung und Plündern der natürlichen Ressourcen im Moment die größte und sehr präsente Gefahr darstellt. Die Natur selbst hat sich als Zauberlehrling böse vertan: *Die Menschen, die ich schuf, werd' ich nicht mehr los ...* Einige Arten sind seit Jahrmillionen nahezu unverändert, haben sich kein Stück weiterentwickelt, weil es einfach so wie es ist super funktioniert, aber der Mensch ... Da kann die Natur höchstens noch auf den *menschlichen Verstand* hoffen, dass dieser nämlich ein neues Ziel ins Auge fasst mit dem Bestreben, ausufernde Anzahl und Ansprüche der Menschen zu reduzieren, sich zu bescheiden und sich als Teil der Natur, als deren Heger und Pfleger und nicht als arroganter Herrscher und Plünderer zu verstehen.

Das Gehirn – ein Bio-Computer?

Bevor wir weiterdenken und uns um eine zutreffende Sicht bemühen können, gilt es, ein paar grundlegende Dinge über das Gehirn zu erfahren oder wieder ins Gedächtnis zu rufen:

Dein Gehirn macht nur etwa zwei Prozent deiner Körpermasse aus, verbraucht aber fast 20 Prozent der körperweit erzeugten Energie, etwa die Hälfte mehr als dein Herz. Nur wenige Prozent der Energie werden für bewusstes Denken in Anspruch genommen,[4] der Großteil dient der Aufrechterhaltung der elementaren Lebensfunktionen. Zu diesen zählt nicht nur die Steuerung organischer Abläufe wie Atmung oder Puls, sondern auch der Betrieb von Sensoren: Augen, Ohren, Gleichgewichtssinn … Auch Gefühle und Empfindungen brauchen Energie. Nichts geht ohne.

In den letzten Jahren erfuhr das Gehirn, dieses Wunderwerk der Natur, die Hauptsteuerzentrale des Organismus, besondere Zuwendung von Forschung und Entwicklung, ganz besonders in den bildgebenden Verfahren. In einem MRT (Magnet-Resonanz-Tomografie) lassen sich mehr oder weniger stark durchblutete, das heißt besonders aktive Bereiche im Gehirn abbilden und dadurch nicht nur krankhafte Unregelmäßigkeiten in dessen Struktur erkennen, sondern auch, in welcher Situation welche Bereiche im Gehirn tätig werden. Diese Bilder kennt inzwischen fast jeder, aber ob die dargestellten Auffälligkeiten aktiver oder hemmender Natur sind, bleibt vorerst im Dunkeln. Um tiefer gehende Erkenntnisse über die Arbeitsweise des Gehirns zu gewinnen, wird im *Blue Brain Projekt*[5] von Henry Markram mit großem Aufwand der Versuch unternommen, auf einem Supercomputer die Funktion eines größeren Verbandes von Nervenzellen digital nachzubilden. Eines Tages will man die Arbeit eines ganzen Gehirns auf dem Computer nachbilden können. Das ist sehr anspruchsvoll in der Aufgabe und teuer in der Durchführung – hoffentlich fällt auch etwas für das *analoge tägliche Leben* ab.

Ein Gehirn auf einem Computer nachbilden, schön und gut, aber es gibt da ein ernsthaftes Problem: In deinem Computer beispielsweise ist die Hardware klar und fest definiert und von der Software sauber getrennt. Du hast einen Intel- oder einen AMD-Prozessor auf der Platine und dessen Aufbau ändert sich nicht, da kann die Software machen, was sie will. Und die Festplatte schert sich ebenfalls nicht darum, welche Datei du wie oft schon mal abgespeichert hast. Wie ein befehlstreuer Soldat macht die Platte genau das, was du und die Software ihr sagen: speichern, überschreiben, löschen. Nicht mehr und nicht weniger. Der Chip in deinem Computer macht bestimmt keine Anstalten, in besonders beanspruchten Bereichen aus sich heraus nach Art einer spontanen *Ausblühung* plötzlich neue Transistoren, Ebenen oder ganze Verbände davon auszubilden, ehedem fest verdrahtete Verbindungen unversehens zu verstärken oder abzuschwächen. Er würde sicherlich nicht beginnen, in großer Zahl neue elektrische Verbindungen zu knüpfen und ältere aufzulösen. Und was würdest du sagen, wenn deine Festplatte plötzlich ein Eigenleben entwickeln und damit anfangen würde, deine gespeicherten Inhalte nach Lust und Laune zu modifizieren? Daten, die es selbst für wichtig hält, tiefer einzuspeichern und eher seltene oder seiner Meinung nach weniger wichtige auszudünnen oder gleich ganz zu löschen? Und du könntest nur hilflos zusehen? Von Gefühlen der Irritation bis hin zur Verzweiflung heimgesucht würdest du jede Orientierung, jede Übersicht über diesen hyperaktiven Computer mit seinem kaum mehr beherrschbaren Eigenleben verlieren.

Diese Horrorvision ist im menschlichen Gehirn wahr geworden, denn ganz ähnlich arbeitet ein *biologischer Verhaltensrechner*, wie man das Gehirn auch nennen könnte. Aus den Signalen seiner unzähligen Sensoren berechnet der Algorithmus das aus seiner gegenwärtigen Sicht bestmögliche Verhalten. Dieser Bio-Computer richtet sich konsequent auf seine Aufgaben aus, verstärkt Bereiche da, wo nötig, fährt nicht genutzte Bereiche zurück und baut sie bei gänzlich fehlender Nutzung schließlich teilweise oder sogar ganz ab, denn er achtet strikt auf Effizienz. – Die Konkurrenz in Form anderer Lebewesen schläft nicht, das hat dein Algorithmus nach wie vor als Prämisse.

Strategie und gehirnliche Steuerung deines Organismus zeigen sich bereits beim Auf- und Abbau von Muskeln am Körper: Wird der Arm nach einem Knochenbruch eine Weile stillgelegt, verabschieden sich die Armmuskeln recht zügig und müssen später wieder mühsam aufgebaut werden. Sie hatten eine Zeit lang offensichtlich nichts zum Erfolg des Organismus beizutragen und wurden einfach wegrationalisiert – wie die unproduktive Abteilung einer Firma. Man kann es kaum glauben: Wenn man sich das Skelett eines Bogenschützens aus dem Mittelalter ansieht, sind sogar die Knochen des Arms, der die Bogensehne spannte, auffällig länger und dicker. Auch der biologische Organismus hat nichts zu verschenken und achtet streng auf Effizienz, also Gewinn pro Aufwand. Was er in Form von Muskeln, Organen und Nervenzellen *investiert* und unter Einsatz von Energie in Funktion hält, soll sich auch *lohnen*.

Aber was soll das heißen, *sich lohnen*? Ist es ein Muss für ein Organ oder gleich den ganzen Menschen, erfolgreich zu sein?

Trotz allen chaotischen Anscheins hat die Organisation des Gehirns System, sonst würden wir alle (und nicht nur einige) planlos herumlaufen und nichts auf die Reihe kriegen. Es gilt, eben dieser Organisation auf die Spur zu kommen und sie im täglichen Leben förderlich zu nutzen. Daher dieses Buch, denn was kann es Besseres geben als ein Gehirn, das fast alles automatisch macht, einem alle

Arbeit abnimmt und das man trotzdem noch im eigenen Sinne steuern kann? – Zumindest solange man gut drauf ist … Es ist in etwa so, wie der zukünftige Fahrer eines selbstfahrenden Autos, der nur noch angibt, wohin die Reise gehen soll, und sich dann entspannt zurücklehnt.

Was also hat es mit Nervenzellen und Synapsen auf sich, diese für uns wichtigsten Bauelementen des Gehirns?

Deren spezielle Eigenschaften machen einen Großteil der höchst erfolgreichen Funktion des Gehirns aus. Betrachten wir eine Nervenzelle, auch *Neuron* genannt, so hat diese rings um sich herum viele Eingänge, an denen sie aktivierende und hemmende Impulse von anderen Neuronen empfängt. Sie mündet in einen langen Fortsatz, dem *Axon*, über das sie ihr Ausgangssignal als Ergebnis ihrer Berechnungen an die nächsten Neurone weitergibt.

Du brauchst im Grunde nur eines zu wissen: Eine Nervenzelle braucht eine gewisse Signalhöhe, um tätig zu werden. Bleibt die Summe der Eingangssignale unter einem gewissen *Aktionspotenzial*, tut die Nervenzelle gar nichts, das geht ihr schlicht am Axon vorbei. Es ist wie mit der Aufmerksamkeit: Langweiliges geht unter und löst keine Reaktion aus, ein echter Hingucker dagegen schon.

Unsere Nervenzelle empfängt nun diverse Signale an ihren Eingängen, aktivierende und hemmende, schwächere und stärkere. Dieses Sammelsurium bestimmt, ob das Aktionspotenzial der Nervenzelle überschritten wird oder nicht. Wenn ja, sendet sie über ihr Axon als Ausgangsleitung einen elektrischen Impuls zur nächsten Nervenzelle. Die Verbindung zur nächsten Nervenzelle ist aber nicht nach Art eines Kupferdrahts fest *angelötet*, das elektrische Signal läuft nur bis zur nächsten Synapse und dann ist erst einmal Schluss mit der Elektrik.

Eine Synapse ist ein bewundernswert raffiniertes elektrisch-chemisches Schaltelement. Der elektrische Impuls endet im *Ein-*

gangsteil der Synapse, der vom *Ausgangsteil* durch einen winzigen Spalt, den *synaptischen Spalt* getrennt ist. Dieser ist mit ca. 20–30 Nanometern so winzig, dass er glatte 3000-mal in die Dicke eines menschlichen Haares passen würde. Sobald der elektrische Impuls am Eingang ankommt, setzt die Synapse Neurotransmitter frei, deren Moleküle den Spalt blitzschnell durchqueren und sich auf der Ankunftsseite an genau passende Rezeptoren heften, die dann ihrerseits einen elektrischen Impuls auslösen. Dann geht es wieder fröhlich elektrisch weiter, eben bis zur nächsten Synapse, an der sich wieder das Gleiche abspielt.

Warum diese auf den ersten Blick dermaßen komplizierte Art der Weiterleitung? Wäre nicht eine feste Verbindung einfacher und besser? Wie der gute alte Kupferdraht? Einfacher ja – aber besser? Dazu ein Beispiel: Stelle dir vor, du selbst wärst der Impuls, bist in Hamburg gestartet, sollst in München ankommen und dort eine Aktion auslösen, indem du beispielsweise einen Vortrag hältst. In der Version *Kupferdraht* sitzt du in einem durchgehenden Zug entspannt in deinem reservierten Abteil, steigst in München aus, hältst deine Rede und gut ist. Auf dem Weg kann dich kaum etwas beeinflussen. In der Version *Synapse* sitzt du wieder in deinem reservierten Abteil, aber bevor dein Zug Frankfurt erreicht, kommt die Durchsage: »Nach München bitte umsteigen.« Also aufstehen, Gepäck schnappen und raus auf den Bahnsteig. Wie der Neurotransmitter wanderst du dann zum anderen Gleis, steigst ein, nimmst Platz und der Zug fährt los. Du als Impuls bist wieder auf deinem normalen Weg.

Welchen Vorteil könnte dieses auf den ersten Blick komplizierte Prinzip der Synapsen bieten? Der Neurotransmitter kann auf seinem Weg durch den synaptischen Spalt chemisch beeinflusst, der Impuls dadurch verstärkt, geschwächt, sogar blockiert, also in großem Umfang modifiziert werden. Ein Stresshormon wie Adrenalin beispielsweise, das durch eine innere oder äußere Anforderung, ein

Gefühl der Bedrohung oder Angst ins Blut ausgeschüttet wird, kann die Abermilliarden Synapsen im Körper gleichzeitig erreichen und dahingehend beeinflussen, dass der Organismus sich auf die Abwehr dieser Bedrohung einstellt. Eine rein elektrische Impulsausbreitung könnte das in dieser Breite nicht. Du selbst als Impuls auf dem Bahnsteig wärst in der Phase des Umsteigens ebenfalls leicht zu beeinflussen. Es bräuchte nur jemand *Feuer* zu rufen, dann würdest du nicht mehr deinen Anschlusszug suchen, sondern dich schleunigst in Sicherheit bringen – wie andere ebenfalls umsteigende Impulse auch. Dein Weg zum Anschlusszug würde im Übrigen auch anders verlaufen, wenn du plötzlich Hunger hättest oder einen Bekannten treffen und dich mit ihm unterhalten würdest. Und wenn du noch auf dem Bahnsteig unversehens verhaftet würdest oder keine Lust mehr auf München und einen Vortrag hättest? Es würde gar kein Impuls in München ankommen. Auf diese Weise blockierend wirkt beispielsweise Curare, ein aus dem Saft von Lianen gewonnenes Pfeilgift der Amazonas-Indianer. Curare besetzt die Rezeptoren auf der Ausgangsseite der Synapse, sodass der dort ankommende Neurotransmitter nicht andocken und einen Ausgangsimpuls auslösen kann: Die Signalübertragung ist unterbrochen. Das von so einem Giftpfeil getroffene Tier kann seine Muskeln nicht mehr ansteuern und ist gelähmt.

Im Übrigen ist eine Synapse ein durchaus dynamischer Schalter: Wird sie des Öfteren in Anspruch genommen, werden Botenstoffe in ihr aktiviert, die dafür sorgen, dass sich die Synapse *ertüchtigt*, die Weiterleitung der Nervenimpulse schneller und intensiver erfolgt. Und wird eine bis zum Stehkragen ertüchtigte Synapse immer noch übermäßig mit Impulsen befeuert, werden weitere Botenstoffe aktiv und tatsächlich neue Synapsen gebildet – und das so lange, bis die Schaltleistung insgesamt wieder der erhöhten Anforderung entspricht. Ein fantastisches System!

Wenig überraschend, dass zu wenig oder gar nicht in Anspruch genommene Synapsen heruntergefahren oder sogar ganz rückgebaut werden. Der Organismus kann es sich einfach nicht leisten, Bausteine zu unterhalten, die nur Energie verbrauchen, aber keinen entsprechenden Nutzen erbringen. – Kapitalismus selbst im Kleinsten. Wie sehr die Natur auf Wirtschaftlichkeit und Effizienz im Umgang mit körperlicher und seelischer Energie in allen Bereichen eines Organismus achtet, wird wohl weit unterschätzt.

Wie im *The New England Journal of Medicine*[6] berichtet, haben Langzeitaufenthalte von Forschern in der Arktis zu Verkleinerungen in Teilbereichen des Hippocampus, zuständig für Gedächtnis und räumliches Denken, geführt. Als Auslöser für diesen Verarmungseffekt vermutet man die Reizarmut des Umfelds, unzureichende Sozialkontakte, schlechten Schlaf oder Stressbelastung in der Gruppe. Wenig oder gar nicht aktive und damit wenig effiziente Gehirnteile werden eben als Sparmaßnahme auf ihre *Basics* reduziert.

Ähnlich könnte es bei den Sozialkontakten über Handys zu erwarten sein: Fehlender Mensch-zu-Mensch-Kontakt lässt die Sensoren für die Gefühlslage der Freunde nach und nach an Sensibilität verlieren. Die Feinheiten des zwischenmenschlichen Austauschs gehen zuerst verloren. Aber genau diese sind im direkten Dialog von Mensch zu Mensch besonders wichtig: Wie reagiert mein Gegenüber auf das, was ich sage oder tue? Der empfindsame Algorithmus eines sozial begabten Menschen wertet jeden Satz, jedes Wort, jede Geste und jeden Wechsel im Gesichtsausdruck schnell und meist unbewusst auf seine Wirkung hin aus und berücksichtigt diese bereits bei seiner nächsten Äußerung. Verfährt im positiven Fall der Gesprächspartner in gleicher Weise, entsteht eine Art *Resonanz* zwischen den Dialogpartnern als Grundlage eines für beide förderlichen Dialogs.

Ein vertrautes Gespräch mit Marie: Der sensible Martin achtet darauf, dass seine Worte Marie seelisch aufbauen, ein Wohlgefühl bei ihr hervorrufen. Schon während er spricht, beginnt sein »Sozialrechner«, die seelische Lage von Marie zu erfühlen und auszuwerten, wie sie sein Herangehen wohl empfindet. Art und Inhalt ihrer Antwort zusammen mit Gesichtsausdruck, Stimme und Gestik verraten ihm, was er als Nächstes sagen oder tun sollte. Oder dürfte ... Der Abend der beiden verläuft ausgesprochen schön und vielversprechend.

Ein gerade ärgerlicher und im Übrigen unsensibler Georg wirft seinem Geschäftspartner Friedrich vor, sich nicht genügend zu engagieren. Dieser Vorwurf, ob nun gerechtfertigt oder nicht, lässt den seelischen Pegel des »angeklagten« Friedrich kräftig fallen, und zwar gleich so tief, dass sein Algorithmus einen Angriff meldet und seinerseits Aggressionen ins Feld führt. Er schaltet auf Gegenangriff und knallt seinem »Ankläger« Georg vor den Latz, dass er der Firma viel zu viel Kapital entzogen habe. Beide sind nun im Aggressions- und Kindergarten-Modus: »Du hast mir ein Klötzchen umgeworfen, nun werfe ich auch dir eins um.« An das Wohl der Firma denkt keiner mehr. Nur eine Schlägerei in Wildwest-Manier brächte noch eine Entscheidung, aber geklärt wäre dadurch gar nichts, beide hätten sich höchstens für den Moment abreagiert. Georg hätte auch anders vorgehen können und warten, bis sich Friedrich einmal gut und ausgeglichen fühlt: »Hey, Friedrich, lass uns ein Bier trinken gehen und ein paar Sachen besprechen.« Eine Aussprache, sachlich und auf eine Problemlösung hin ausgerichtet, ganz ohne gegenseitige emotionale Vorwürfe, wäre das bessere Vorgehen, dies aber nicht erst in der aufgelaufenen Krise, sondern frühzeitig und bevor sich dermaßen starke Aggressionen aufgehäuft haben.

Der *Sozialrechner* eines Menschen nimmt einen erheblichen Teil des Gehirns und auch des laufenden Algorithmus' in Anspruch. Soziale Fähigkeiten sind, wie andere auch, sehr ungleich verteilt. Sensibilität für den sozialen Austausch zu entwickeln, ist eine lebenslange Aufgabe. Die Erfolgsgeschichte der Menschheit beruht vor allem darauf, sich in leistungsfähigen Gruppen arbeitsteilig organisieren zu können. Dazu bedarf es neben fachlichen Qualitäten auch einer guten sozialen Ausstattung und Sensibilität. Es wäre besonders effizient, frühzeitig und schnell abschätzen zu können, was man von seinem Gegenüber zu erwarten hat.

Auch Nervenzellen können sich – falls vom Organismus für nötig gehalten – neu bilden (Neurogenese), beim Menschen vor allem im Hippocampus, einer Struktur im Gehirn, die anatomisch wie ein Seepferdchen aussieht; daher der Name. Dieses Areal ist für die Steuerung von Affekten und vor allem für das Gedächtnis zuständig.

Taxifahrer in London müssen sich, um eine Lizenz zu erhalten, in jahrelangem Bemühen den Londoner Stadtplan mit seinen rund 25.000 Straßen und 10.000 Sehenswürdigkeiten einprägen und eine der härtesten Prüfungen überhaupt ablegen. Es ist bekannt, dass Taxifahrer[7], die sich dieses Wissen angeeignet haben, aufgrund dessen mehr graue Zellen im Hippocampus entwickelt und zur Verfügung haben. Diese Areale, es sind eigentlich zwei, jedes für eine Hirnhälfte, sind auch generell an der räumlichen Orientierung beteiligt. Außerdem geht man davon aus, dass intensives Training – wie beschrieben – auch die Synapsen als Schaltstellen zwischen den Nervenzellen stärkt. Die Taxifahrer haben den ganzen Stadtplan im Kopf und können auch schnell auf ihr Wissen zugreifen.

Wer das Thema vertiefen möchte: Da gibt es ein beeindruckendes Buch von Eric Kandel[8], einem Nobelpreisträger, der Entstehung und Abbau von Nervenzellen und Synapsen erforscht hat.

Entwicklung

Die Natur wirft also ihre in ihren Eigenschaften extrem breit gestreuten Lebewesen auf den Markt und wartet ab, wer sich behauptet und fortpflanzt.

Im Prinzip kommt das so hin, aber genau genommen haben wir etwas vergessen: Bevor es zur Vereinigung von Eizelle und Spermium kommt, müssen in der Natur mannigfache Auswahlkriterien erfüllt werden, damit die weibliche Seite eine Befruchtung akzeptiert. Auch eine Frau will nicht jeden Mann, sondern achtet auf ihr wichtige Punkte. Bei intimerem Kontakt kommen Duftstoffe zum Tragen, die darüber Auskunft geben, ob die beiden Immunsysteme sich bei gemeinsamen Nachkommen leistungsfähig ergänzen würden und … Oh nein, ich werde mich hüten, dies weiter zu vertiefen und mich aufs Glatteis zu begeben. Was auch immer sich zwischen Mann und Frau abspielt, besteht letztlich aus Dutzenden wenn nicht Hunderten von Kriterien, die sich auch noch jederzeit überraschend ändern können.

Natürlich haben Frauen ihren ganz eigenen weiblichen Algorithmus, dem die schwierige Aufgabe gestellt ist, unter noch so ungünstigen Umständen – Kälte, Hitze, Nahrungsmangel, Krankheit, Krieg etc. – die Fortpflanzung zu gewährleisten, Kinder zu kriegen und sich notfalls für diese zu opfern. Diese überragende Leistung ist als Kern der Natur nichts als bewundernswert und gesellschaftlich grandios unterbewertet.

Wie auch immer, es ist also passiert und die Spermien sind kühn und zielstrebig auf dem Weg zum lockenden Ei – ein Hindernislauf ohnegleichen. Von den vielen Millionen, die da unterwegs sind, brauchen ja nur ein paar Sieger anzukommen. Wer wird es von denen schaffen? Der Beste? Der Schnellste? Das Ei ziert sich selbst dann noch, wenn es von einem ganzen Pulk von Spitzenathleten umworben wird. Aber schließlich wird eine Spermie auserwählt werden und das entstandene Zellhäufchen schließlich die Versorgungs- und Aufzuchtstation *Gebärmutter* erreichen, wo es sich einnisten kann und nun meint, sich im Wasserbad ungestört seiner Entwicklung widmen zu können, doch wird es das Gefühl nicht los, dass da irgendetwas mit kritischem Blick darauf achtet, ob alles seine Ordnung hat und sich keine Baufehler einschleichen. – Nicht ohne Grund, denn je zufälliger und chaotischer Vorbereitung und Produktion, desto eher wird eine gute Qualitätskontrolle benötigt. Die gute Nachricht: Wenn der Embryo bis zur zwölften Schwangerschaftswoche die Prüfungen besteht, hat er gute Chancen, sich weiterzuentwickeln und eines Tages das Licht der Welt zu erblicken. In der *Probezeit* fällt aber erst mal so jeder Fünfte durch und wird *zurückgenommen*, oft ohne dass die Frau etwas davon merkt. Kurz gesagt: Der Nachwuchs wird in die Wege geleitet und auf seinem Werdegang stärker überwacht als ein Chinese auf einer Straßenkreuzung in Peking.

Wir werden also überwacht – von der eigenen Natur. Aber worauf hin und wie? Auf Erfolg? Hat nur ein erfolgreiches Lebewesen Förderung verdient? Und was sollte der Gradmesser für Erfolg beim Menschen sein?

Nun, da zeigt sich die Natur als Kapitalist in Reinkultur: Sie will keine Energie in erfolglose Lebewesen investieren. Kein Anleger kauft die Aktien einer Firma, die den Anschein erweckt, dem Untergang geweiht zu sein. Der Kontostand bildet den Erfolg einer Firma ab, sich häufende Gewinne sind beste Zeichen für Erfolg im Markt; keine Gewinne und dafür Schulden lässt jeden Investor die Flucht ergreifen. Die Natur nimmt ebenfalls einen Kontostand als Erfolgsmaßstab, und zwar – hier als Gedankenmodell – den *Kontostand der seelischen Energie*: Angenommen du investierst Geld, um ins

Kino zu gehen, dann geht alles – der Preis der Karte, die Fahrt zum Kino, das Haarewaschen vorher, Popcorn, Cola – in Summe von deinem seelischen Konto ab. Dein seelischer Kontostand sinkt um diesen Aufwand. War der Film ganz nach deinem Geschmack und du kommst in bester Laune aus dem Kino, hat sich diese Investition reichlich gelohnt und dein Kontostand einen Sprung nach oben gemacht, höher als vor der Investition. Du hast also Gewinn erzielt. Das belohnt die Natur, indem dein Algorithmus den seelischen Pegel kräftig in die Höhe schnellen und dein Herz mit euphorischen Gefühlen hüpfen lässt. Ich will gar nicht wissen, was in dir vorgeht, wenn du nach all dem Aufwand verärgert aus dem Kino kommst, weil der Film miserabel war! Du hast Aufwand getrieben und Verlust gemacht. Eine falsche Einschätzung im Vorfeld. Du hattest zu große Erwartungen an den Film und bist enttäuscht worden. Dein seelischer Pegel ist durch Aufwand und Enttäuschung zugleich kräftig ins Minus gefallen. Mit einem niedrigen Pegel an seelischer Energie verpasst dir dein Algorithmus ganz schlechte Gefühle, gewissermaßen als Strafe für deine *Fehlinvestition.* Im seelischen Tief hilft nur noch ein schneller anderer Erfolg wie gütlicher Zuspruch von Freunden, zwanghaftes Überholen, ein dummer Tritt gegen die Straßenlaterne … ganz egal. Und wenn sonst nichts hilft, eben die Zigarette oder ein schneller Drink. Im täglichen Leben investierst du hundert- und tausendfach, meist völlig unbewusst, wendest seelische Energie auf und erntest Belohnung oder Frust. Der Mittelwert machts, doch beachte die Grenzen!

Gehen wir weiter davon aus, dass die Natur sich aufführt wie ein investierender Kapitalist, müssen wir uns zuerst ansehen, worin diese ihre Investition besteht, von der sie dann Erfolge erwartet: Zuerst investiert sie in den Bauplan, die Gene von Mann und Frau, die Chromosomen, die Erbsubstanz, mit dem Bestreben, dass die Frau nach der Vereinigung von Ei und Spermium diese Blaupause auch so gut wie möglich in die Realität von Embryo und ungeborenem Kind umsetzt. Es sind zunächst nur Optionen, die da in den Genen in Form von Eigenschaften und Fähigkeiten stecken. Die müssen erst noch körperlich realisiert und später in der Praxis aktiviert und ausgebildet werden. Dieses original genetische Fähigkeitsprofil weist von Mensch zu Mensch eine äußerst breite Streuung auf und ist hoch individuell ausgelegt. Der eine kann dies, der andere jenes besser. Entsprechend verteilt werden später auch seine Bedürfnisse und Interessen sein. Könnten diese vor allem dort liegen, wo er genetisch seine Stärken hat? Könnte man bereits von *Charakter* sprechen?

Nicht ganz. Schön der Reihe nach: Die schwangere Frau ernährt sich vollständig, macht essensmäßig keine unnötigen Experimente und springt bei ihrer auf Schwangerschaft ausgerichteten Ernährung auch mal über ihren Schatten, indem sie auf lieb gewonnene Gewohnheiten wie massenweise Süßes, Salziges oder was auch immer verzichtet – saure Gurken ausgenommen. Sie achtet besonders auf Eisen, Vitamine und Proteine und hält sich von Giften wie Alkohol oder Nikotin fern, die dem werdenden Kind in jeder Entwicklungsphase schaden könnten. Wenn sie über einen ausgeprägten elementar-weiblichen Fundus verfügt, hat sie das alles weitestgehend im Gefühl. Trotzdem kann es nicht schaden, sich manches auch noch bewusst zu machen. Man bedenke auch die seelische Seite: Stress in der Schwangerschaft ist Gift, denn Stresshormone im Blut der Mutter, gleich aus welchem Grund ausgeschüttet, lenken ihre Energie in die Abwehr einer Bedrohung, statt diese dem Kind zukommen zu lassen. Dass mit Mama *etwas nicht stimmt*, kriegt dann auch das Kind mit und sorgt sich ebenfalls. Sein seelisches Gleichgewicht ist gestört und das genügt möglicherweise, um ihm eine eher ungünstige Grundeinstellung zum Leben mitzugeben, von zukünftigen Krankheiten oder eventuell depressiven Neigungen ganz zu schweigen.

Epigenetik

Betrachten wir die Entwicklung von der genetischen Information an bis zum neuen Individuum. Da ist der bekannte Doppelstrang, dessen Folge der Aminosäuren den Bauplan des Lebewesens codieren. Aber was sind das für seltsame steckerähnliche Gebilde, die hier und dort die Doppelhelix verunzieren?

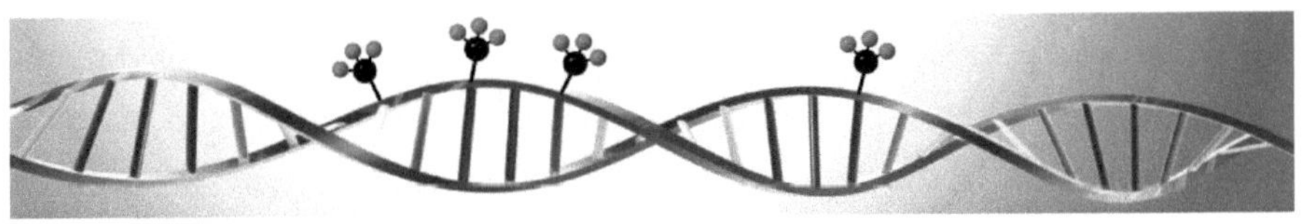

DNA-Doppelstrang mit epigenetischen Methylgruppen, schematisch

Diese *Stecker* sind Methylgruppen der Epigenetik, deren Anhängen an den Genstrang das Ablesen eines originalen Genabschnitts und damit seine Ausprägung verstärken, abschwächen oder sogar komplett verhindern kann.

Die Epigenetik wurde bereits im 19. Jahrhundert, noch zu Zeiten von Charles Darwin[9], von einem gewissen Jean-Baptiste Lamarck[10] begründet. Auf umstrittene Deutungen und Missverständnisse bei der Anwendung der verschiedenen Theorien will ich gar nicht erst eingehen, auf jeden Fall beschreibt Darwin stark vereinfacht die Entwicklung der Natur aufgrund von Mutationen der Gene mit anschließender Auslese der am besten an ihre Umfeldbedingungen angepassten Lebewesen, während Lamarck davon ausgeht, dass oberhalb der originalen Genetik sich die Lebensführung auf einer epigenetischen Schicht einprägt und ebenfalls vererbt werden kann. Diese epigenetische Ebene kann die Ablesung der originären Gene stärken, abschwächen oder ganz blockieren.

Um auf epigenetischer Ebene eingespeichert zu werden, müssen tiefgreifende seelische Einbrüche sicherlich eine bestimmte Intensität überschreiten, z. B. für eine junge Maus[11], wenn sie frühzeitig von ihrer Mutter getrennt wird. Schlimmeres kann man ihr kaum antun. Dieses Schockerlebnis versetzt sie in Panik, ihr seelischer Pegel fällt ins Bodenlose. Eigentlich keine Überraschung, dass später die erwachsene Maus zu Depressionen und unsozialem Verhalten neigt sowie überzogene Risiken eingeht: alles klassische Anzeichen für einen verringerten Pegel an seelischer Energie. Kurz gesagt: Durch die Trennung von der Mutter und deren Versorgung wurde dem Mäuschen lebensnotwendige seelische Energie vorenthalten, die es zu seiner Entwicklung braucht, und diese herbe Vernachlässigung kann es ein Leben lang nicht mehr aufholen. Diese Erschwernis in Form eines verringerten seelischen Pegels lässt sich trotz aktuell *normaler* Umstände und Lebensweise über mehrere Generationen hinweg beobachten.

Auch unter mütterlichem starkem Stress herangebildete Kinder werden oft besonders stressempfindlich und haben durch ihr seelisches Defizit mehr Mühe als andere, ihren Seelenpegel ausgeglichen zu halten.[12] Aus Sicht des Gedankenmodells liegt der Gedanke nahe, dass einmalig tiefgreifende wie auch über längere Zeit erlittene schwere seelische Verletzungen, die den seelischen Pegel grenzwertig absenken, besonders tief im Gedächtnis oder sogar epigenetisch gespeichert werden.

Die Frage erhebt sich, ob nicht auch umwerfend positive Erlebnisse mit totaler Überschwemmung durch Glücksgefühle sich epigenetisch niederschlagen könnten. Wäre doch nur gerecht … Und wenn es um seine Existenz geht, ist dein hauseigener Algorithmus echt empfindlich: Jeder Misserfolg, jeder seelische Verlust schädigt sein Ansehen beim *Investor Natur*. An der Höhe seines erarbeiteten seelischen Pegels wird er nämlich gemessen und ein lohnender Umsatz mit anständigem Gewinn wird als selbstverständlich erwartet. Mit in Sand gesetzten Investitionen und ausbleibender Belohnung zu enttäuschen, fordert Bestrafung durch ein schlechtes Lebensgefühl doch regelrecht heraus!

Aus Sicht des Algorithmus spricht nichts dagegen, dass erlittene seelische Verletzungen durch eine positive, seelisch aufbauende Lebensweise mit hohem seelischem Pegel ausgeglichen werden können. Es ist aber nicht leicht, mit einer belastenden Erfahrung *einfach mal so* einen höheren seelischen Pegel zu erarbeiten, das ist ja schon für einen Unbelasteten kein Kinderspiel. Das geht oft nur durch erhebliche, möglicherweise länger dauernde oder sogar bleibende Zuschüsse aus einem wohlmeinenden sozialen Umfeld. Eine externe Hilfestellung sollte so lange aufrechterhalten bleiben, bis der Betroffene eines Tages selbst genügend seelische Energie erwirtschaften kann und dann aus sich heraus stabil genug ist, im ganz normalen Leben auftretende Tiefschläge auszuhalten, ohne gleich chaotisch zu werden oder wieder zurück in tiefe Defizite zu verfallen. Denn sollte der seelische Pegel wieder einen starken Einbruch erleiden, sei es durch einen weiteren Schicksalsschlag oder fortgesetzte aktuelle Belastungen, z. B. durch Stress, wird der Algorithmus wieder vermehrt durch die tieferen Schichten streichen. Die dort liegenden, eigentlich langsam zerfallenden unliebsamen Erfahrungen werden wieder aufgerührt und erneut präsent. Der Mensch durchlebt diese schlimmen Erinnerungen ein weiteres Mal. Wieder geht ihm massiv seelische Energie verloren und er fühlt sich wieder *auf Anfang* zurückgeworfen. Aus dieser Sicht ist die Vorgehensweise zu hinterfragen, schlechte Erfahrungen zur gut gemeinten *Aufarbeitung* immer und immer wieder aufzurühren und damit vermeidbaren weiteren seelischen Schaden anzurichten.

Die Möglichkeit einer *epigenetischen Weitervererbung* hat im Übrigen auch eine in anderer Hinsicht bedenkenswerte Seite:

Wie schön und unverbindlich war es doch vor ihrer Entdeckung, seine ererbten Gene naturgegeben für jede dumme, schräge oder unmoralische Tat ins Feld führen zu können, immer mit dem Argument, für seine genetische Ausstattung und deren Folgen könne man ja nichts, das miese Erbgut sei halt ohne Möglichkeit der Einflussnahme fest einprogrammiert und einem von den Eltern quasi aufgezwungen worden. Damit war das Problem irgendeiner Verantwortung vom Tisch und man musste sich über das Schicksal seines Nachwuchses von dieser Seite her keine Gedanken machen.

Nun aber, bei Kenntnis epigenetischer Einflüsse durch die eigene Lebensführung, steht plötzlich der Schatten einer Eigenverantwortung für die Nachkommen in der Tür. – Wer mag schon für die Chancen seiner Kinder mitverantwortlich sein? Und diese Programmierung soll über Generationen hinweg wirken?

Durchaus möglich, dass manche kulturbedingte oder von einem kompromisslosen Glauben geforderte Lebensweise viel tiefer im unbewussten Sediment verankert ist als nur durch bloße Erziehung oder lange Gewohnheit. Einmal epigenetisch tief verankert und über lange Zeit hin ausgehärtet, lassen sich daraus erwachsende unerwünschte Verhaltensweisen sicherlich noch schwerer überwinden als Rauchen, Trinken und Naschen zusammen – und schon gar nicht mit bloßem Druck, harschen Einschränkungen, Gewalt oder dem Anspruch, Verhaltensänderungen besonders schnell zu realisieren. Ein Mensch aus einem anderen Kulturkreis bezüglich Glaube, Sozialisierung und epigenetischer Prägung wird schwer und nur unter hoch motivierter eigener Mitwirkung bereit sein, sich einer ihm fremden Lebensweise anzupassen.

Eines muss jedoch klar sein: Eine für sich selbst oder sein Umfeld ungünstige *epigenetische Programmierung* wie auch tief eingegrabene *kulturelle Einstellungen* und Lebensweisen lassen sich höchstens bei *hohem seelischen Pegel* überwinden, das heißt, wenn der Betroffene genügend persönliche Erfolge erarbeiten kann und dadurch Intelligenz, Verstand und Vernunft mit von der Partie sind. Daher ist ein ausreichender Bildungsgrad Voraussetzung dafür, sich von überholten Vorstellungen lösen zu können und zu neuen kompatiblen Einstellungen zu finden. Dies zeigt sich deutlich im Umgang mit kulturfremden Menschen. Dies könnte – reine Spekulation – auch ganze Gesellschaften und Nationen betreffen, deren Lebensweise, Kultur, Gebräuche und sozialer Umgang sich womöglich über viele Generationen tief im epigenetischen Repertoire verankert haben. – Könnten die deutsche Pünktlichkeit, die französische Leichtigkeit in erotischen Dingen, der südkoreanische Lerneifer, der chinesische Überwachungszwang, der üppige brasilianische Karneval, die Bigotterie in manchen amerikanischen Bundesstaaten, der schwedische Genderwahn oder der russische Hang zum Wodka bereits so stark zur epigenetischen Grundprogrammierung geworden sein, dass sich trotz aller Unterschiede jeder für normal hält, die anderen als seltsame Zeitgenossen ansieht und keiner daran denkt, seine Position infrage zu stellen?

Indes wird es schwerfallen, genetische, epigenetische, kulturelle oder aus langer Gewohnheit erwachsende Verhaltensweisen auch nur ansatzweise auseinanderzuhalten, geschweige denn einzuordnen. Schließlich redet da die aktuelle Situation ein gewichtiges Wort mit, aus welcher dieser Schichten heraus oder in welcher Kombination derselben der Algorithmus das aktuelle Verhalten bestimmt.

Kind

Zurück zum Thema Kind: Die Geburt ist irgendwann überstanden, der Säugling atmet und schreit. Und nun? Nun kann er bereits über seine Genetik und Epigenetik einschließlich seines in der Schwangerschaft verfertigten Körpers, seine noch ziemlich weiche *Hardware,* verfügen. Mit seinem angeborenen Algorithmus findet er die milchspendende Brust seiner Mutter, um daran zu saugen. Jetzt braucht der Säugling wohldosierte Reize aus seinem Umfeld, damit er lernen und seine zahlreichen Anlagen Schritt für Schritt entwickeln kann. – *Eine Bringschuld des Umfelds.*

Einfühlungsvermögen ist nun gefragt, dem Kind in unterschiedlichsten Situationen genügend neue Eindrücke zu vermitteln, an denen es lernen und seinen Erfahrungsschatz aufbauen kann. Aber nicht über das Ziel hinausschießen! Reizüberflutung ist keine gute Idee, sondern versetzt in Stress – und unter Stress verweigert der Algorithmus das Abspeichern. Stattdessen greift Verunsicherung wenn nicht gar Panik um sich.

Versetz dich doch mal in die Lage dieses kleinen hilflosen Wesens: Der süße Fratz fühlt sich in völliger Abhängigkeit, nichts kann er von sich aus, außer an der Brust trinken. So ganz und gar von der Zuwendung anderer abhängig zu sein, senkt den seelischen Pegel gewaltig ab und macht Angst – große Angst davor, plötzlich allein gelassen zu werden und dem Verderben anheimzufallen. Diese nicht unberechtigte elementare Angst kann nur durch Zufluss seelischer Energie aus einem tiefen Urvertrauen in die betreuenden Mitmenschen, in erster Linie wohl in die Mutter, ausgeglichen werden. Fehlendes Urvertrauen macht dem Säugling Angst und setzt ihn unter Stress. Sein Organismus schüttet Stresshormone aus, schaltet auf Abwehr einer Bedrohung und zweigt dafür Energie ab, die dann für den eigentlichen Aufbau nicht mehr zur Verfügung steht. In diesem

Licht sollte man die Maßnahme überdenken, einen Säugling zur Disziplinierung einfach schreien oder alleine zu lassen, denn Stress ist mentales Gift für die Entwicklung.

Nun muss man aber mal die Kirche im Dorf lassen: Bis ein Kind auf der Welt, geschweige denn aus dem Gröbsten heraus ist, durchläuft es so viele Stadien, dass diese nie und nimmer alle ideal verlaufen können. Weil das alles wie in Berlin irgendwie schlampig läuft, aber doch irgendetwas hinten herauskommt, ist ein Organismus schon so ausgelegt, dass er einiges abkann. Sein Algorithmus ist keine Mimose, die wegen jedes kleinen Fehltritts die Blätter zusammenklappt. Wäre das so, gäbe es uns schon lange nicht mehr.

Bedenke aber, dass es auch besonders empfindliche Individuen gibt, deren körperlich-seelische Stabilität von Natur aus auf Kante genäht ist und nicht einmal kleinere Stöße verträgt. Man muss sich mit einem Kind intensiv befassen! Es genügt nicht, mit dem Handy am Ohr mit lockerer Hand den Kinderwagen zu schieben. Das Kind braucht das Einfühlungsvermögen seiner Bezugspersonen und höchst individuellen Input. Bloßes Herumgucken, das Brabbeln im Hintergrund und das alles ohne Kommentar, bleibt unter der Aufmerksamkeitsschwelle und wird nicht eingespeichert. Es geht um alters- und entwicklungsgerechte Anforderungen. Das Gesehene und Gehörte ist nur dann von Belang, wenn es durch den Erwachsenen mit Bedeutung versehen wird: *Schau mal, das ist ein Auto, ein Fahrrad, ein Roller. Damit kann man dies und das tun. Dort fährt einer ...* Es bleibt der Sensibilität der Bezugspersonen überlassen, zu erkennen, was man einem Kind zumuten kann und was nicht. – Und auch, wo man ihm Grenzen setzen muss, denn *zu gut* ist ganz schlecht. Unreflektiert helikoptern schadet der Entwicklung von Kind und Eltern gleichermaßen.

Übrigens gibt es auch *selbsterziehende* Kinder, die sich kraft guter Begabung gegen alle Unbill behaupten, ein noch so einschränkendes und unangenehmes Elternhaus überstehen und trotzdem oder gerade deshalb besonders erfolgreich sind. Was uns nicht umwirft ...

Entscheidend für Kindheit und Jugend ist mindestens *eine* Bezugsperson, mit der sich eine *innere Resonanz* einstellt, die besonderes Vertrauen genießt, der man sich öffnen und mit der man Probleme offen besprechen und lösen kann – Eltern, Verwandte, Lehrer, Trainer ... wer auch immer. Das gibt entscheidenden seelischen Halt: Vorbild und Korrektiv zugleich.

Eine *haltgebende Beziehung* besteht eben darin, dass aus ihr seelische Energie zufließt, wenn seelische Einbrüche geschehen sind oder drohen. Das ist von entscheidender Bedeutung, da die noch sehr labile jugendliche Seele dringend eines externen Ausgleichs bedarf, um nicht in Extreme nach oben wie risikoreichen Übermut oder nach unten in die Depression abzudriften. – Der Klassiker ist zu wenig seelische Energie, um auch nur sein Zimmer aufzuräumen, wobei das sogar Erwachsenen manchmal schwerfällt. Den Grad an Ordnung zu erhöhen ist eben Aufgabe der *Komfort-Schichten* und diese schaltet der Algorithmus nur bei hohem seelischem Pegel aktiv. Depressive Episoden allgemein und besonders in der Jugend mit ihren großen Ausschlägen nach oben und unten können durch Zufluss seelischer Energie entschärft, manisch überschießendes Verhalten auf ein erträgliches Maß gedämpft werden.

Ein besonders günstiger Verlauf der Jugend würde bedeuten, den Jugendlichen mit so vielen Facetten des Lebens in Kontakt zu bringen, dass er erkennen könnte, wo in der großen Palette der Möglichkeiten seine Stärken und Schwächen liegen: Fußball, Schach, Computer, sozialer Umgang und so. Mit genügend Orientierung und Förderung durch das Umfeld könnte er seine Stärken entwickeln und daraus seelische Energie schöpfen, für seine offenbar werdenden Schwächen wiederum mithilfe seiner Mitmenschen Mechanismen erarbeiten, um diese zu entschärfen. – Schwächen? Ein unstrukturierter Chaot muss eben mit dem beständigen Risiko leben, etwas vergessen, falsch eingeschätzt oder auf die lange Bank geschoben zu haben. Das ist ein eigentlich vermeidbarer Abfluss seelischer Energie und durch verstärkte Bildung so früh wie möglich zu korrigieren – am besten körperlich und seelisch gleichermaßen.

Südkorea[13] ist mit Recht stolz auf sein effizientes Bildungssystem, aber stundenlanges Lernen im Klassenzimmer unter Kunstlicht ist eine bedenkliche Entwicklung: Die Zahl kurzsichtiger Schüler und Schülerinnen steigt und steigt. Falsche Ernährung? Zu viel am Computer? Nein, intensive Untersuchungen kommen zu dem Schluss, dass es am fehlenden Tageslicht liegen könnte. Daraufhin wurden zwei Stunden am Tag im Freien verordnet und tatsächlich: Die Kurzsichtigkeit ist seither rückläufig.

Wir sind für die Praxis draußen und nicht für so viele bewegungslose Stunden in der Wohnhöhle gebaut.

Sozialer Umgang

Am besten aufgehoben wäre jeder, vom Jugendlichen bis zum Greis, in einer größeren Gruppe, ähnlich einer Großfamilie. Dort mitteln sich höhere und geringere seelische Pegel aus, die gegenseitige Hilfe wie auch die Vorbilder. Aber auch hier gilt die Voraussetzung einer besonders engen Vertrauensperson. In einem ungünstigen Familiengefüge ist das nicht immer gegeben – wo gibt es schon einen offenen und nicht dauernd sich ins Hochemotionale versteigenden Umgang?

Rufen wir uns noch einmal ins Gedächtnis, dass ein gewisser seelischer Mindestpegel nicht unterschritten werden darf, da sonst das Abgleiten in Depression und Selbstzerstörung droht. Ein einzelner Mensch ist also auf die unterstützende und ausgleichende Funktion einer Gruppe absolut angewiesen. Sein Frontalhirn ist unter anderem ein sehr leistungsfähiger *Sozialrechner*, hervorragend geeignet, die seelischen Pegel seiner Mitmenschen einzuschätzen und das eigene Verhalten entsprechend hilfreich auszurichten.

Der Umgang mit der eigenen Seele und der der Mitmenschen ist eine äußerst anspruchsvolle Aufgabe, für die Menschen bereits von Natur aus mehr oder weniger gut gerüstet sind. – Manchen fällt es einfach schwer, aus Gesichtern zu lesen und aus der Mimik die seelische Lage seines Gegenübers einzuschätzen. Autisten können in einem Gesichtsausdruck nicht einmal Freude von Ärger unterscheiden, geschweige denn Feinheiten im Mienenspiel deuten. Wie sollte dessen Algorithmus mit so ungenügenden sozialen Informationen ein der Situation angemessenes Verhalten berechnen?

Der Mensch ist durch seine Entwicklungsgeschichte als soziales Wesen konzipiert und daraufhin, sich zu kooperativen und arbeitsteiligen Gruppen für Versorgung, Schutz von Familie und Gemeinschaft oder anderen Aufgaben zusammenzuschließen und dabei im Idealfall gut koordiniert und nahtlos wie ein einziger Organismus wirken zu können. Diese soziale Befähigung, zusammen mit einem leistungsstarken Verstand, bildet die Grundlage für die unvergleichliche Erfolgsgeschichte des Menschen. Er ist zu sozialen Leistungen für andere fähig bis hin zur Selbstaufgabe – man denke an die Pflege von Angehörigen oder Hilfeleistungen in der Not. Allerdings unterliegt auch diese wertvolle soziale Fähigkeit, die – wie die Vernunft auch – auf einer höheren als der egoistischen Ebene liegt, der Bedingung eines hohen seelischen Pegels. Der *Sozialrechner* nimmt im Gehirn erhebliche Ressourcen in Anspruch und der resultierende hohe Energieverbrauch erlaubt nur einen Einsatz bei guter Versorgung mit seelischer Energie. Ein sinkender seelischer Pegel schwächt Sozialempfinden und Vernunft gleichermaßen.

Auch hierbei gibt es große Unterschiede zwischen den Menschen. Solche mit starker sozialer Auslegung behalten ihre soziale Haltung, auch wenn es ihnen selbst noch so schlecht geht, und schöpfen daraus sogar seelische Energie, anderen wiederum ist sehr schnell das Hemd näher als der Rock.

Griechenland, auf dem Peloponnes, vier Mann an einem »Schluckloch«, wie es im Karstgebiet des Öfteren zu finden ist, ein natürlicher Schacht durch die Kalkfelsen und Zugang zu unterirdischen Wasserläufen. Peter lässt sich, gesichert durch Hendrik, am Seil hinab. Plötzlich verliert Peter den Halt und gerät ins Rutschen. Was macht der sichernde Hendrik? Statt Peter zu halten, lässt er das Seil los; Peter rutscht ab, kann sich aber glücklicherweise zwei Meter tiefer an einem Vorsprung festhalten. Die anderen greifen sofort zu und ziehen Peter wieder hoch. Gerade noch mal gut gegangen. Alle sehen Hendrik an. »Am Seil hat es plötzlich gezogen und wenn ich befürchten muss, dass es mir wehtut, lasse ich lieber gleich los ...« Kein Gedanke an Peter oder seine Aufgabe. Hendrik ist eine soziale Null. Unzuverlässig. Der falsche Mann für diese Aktion.

Hinterher ist man immer klüger: Bei Hendrik reichte bereits eine Befürchtung aus, um nur noch an sich selbst zu denken. Es ist eine immer wieder gemachte Erfahrung: Engagement und Zuverlässigkeit zeigen sich nicht bei blauem Himmel, sondern bei Sturm, wenn tätige Hilfe jetzt und sofort gefragt ist.

Sozial Benachteiligte oder anderweitig Hilfsbedürftige zu unterstützen ist sicherlich eine gute Tat. Auf den ersten Blick jedenfalls – aber auch auf Dauer? Gibt es da nicht Grenzen? Der Nehmer gewöhnt sich an die ihm ohne Leistung geschenkte seelische Energie und bemüht sich nicht mehr aus sich selbst heraus, für sein Seelenkonto zu sorgen. Er fühlt sich, nicht zu Unrecht, sogar zurückgesetzt, weil auf ihn dauernd Rücksicht genommen und er wie ein Minderbemittelter gefüttert werden muss: Das kann absolut demotivierend wirken und eigene Initiativen dauerhaft unterdrücken. Die größte Gefahr dabei: Rückentwicklung zum bloßen Futterempfänger. Und wenn das Futter ausbleibt? Die entstandene Abhängigkeit macht Angst, belastet mehr und mehr.

Und der Fütterer? Was ist, wenn er *selbst* mal in Schwierigkeiten gerät und Hilfe braucht? Oder mit der Zeit einfach keine Lust mehr hat? Der Gefütterte wird auf Weiterfütterung bestehen, hat er doch verlernt, für sich selbst zu sorgen, geschweige denn für andere. Schnell kann es zu Unstimmigkeiten oder sogar Auseinandersetzungen kommen.

Hilfe zur Selbsthilfe ist der einzig nachhaltige und zugleich respektvolle Weg. Immer nur zu füttern, vor allem, um sich als Gutmensch zu fühlen, setzt den Gefütterten herab und nimmt ihm seelische Energie. Diese fließt dem Fütterer zu, in dem erhebenden Gefühl, eine gute Tat vollbracht zu haben. – Vielleicht weil er diesen seelischen Zufluss selbst so dringend braucht? Und warum so dringend? Weil er sich im seelischen Defizit befindet und meint, an jedem Elend auf der Welt zumindest mitschuldig zu sein und dies durch eine rundum *anerkannte und zweifellos* gute Tat ausgleichen zu müssen?

Soziale Zuwendung, ohne negative Folgen zu berücksichtigen, kann daher alles andere als sozial sein, vor allem, wenn das Über-den-Moment-hinaus-Denken durch eigenen seelischen Mangel auch noch gestört ist. Dann könnte die angeblich so uneigennützige soziale Tat vor allem dazu dienen, sich selbst durch öffentliche Wertschätzung seelische Energie und damit auf egoistische Art ein

Wohlgefühl zu verschaffen, ohne Verantwortung für die Folgen zu übernehmen, die dann andere zu tragen haben. Bloß nicht weiterdenken! Das würde doch die im Augenblick so sehr benötigte Anerkennung schmälern.

Pubertät

Dieser Lebensabschnitt ist durch besonders große Schwankungen im seelischen Pegel nach oben und unten berüchtigt. Im Übermut ein bisschen manisch zu werden, vergeht von allein wieder, starke seelische Einbrüche können aber in eine Depression münden und lebensbedrohlich werden. Für deinen Algorithmus bedeutet *Pubertät* nichts weniger als eine Phase *gelebter Geistesgestörtheit*. Die Geschlechtshormone stellen den Organismus erst mal auf den Kopf und nebenbei auf Geschlechtsreife um. Neue Bedürfnisse kommen auf, die mit dem bisherigen Verhaltensrepertoire nicht erfüllt werden können. Verlorene Liebesmüh und endloser Frust sind die Folgen. Der seelische Pegel sinkt und sinkt, macht Purzelbäume, Selbstwertgefühl und Überblick gehen verloren. Dafür legt die Neigung zu unsinnigen Risiken dramatisch zu, vor allem wenn man es mit *Testosteron* zu tun hat. Die totale Unvernunft wird zur Norm!

Also ich meine, nun wäre mal ein Wechsel in der Perspektive fällig. Jeder nimmt sich heraus, über mich zu reden und mich voll technisch *Algorithmus* zu nennen. Wie unpersönlich! Dabei bin ich es doch, der die ganze Chose am Laufen hält und dein noch so bescheuertes Verhalten auf Kurs zu halten hat, während alle um mich herum nur so neunmalklug daherreden und sich für nichts verantwortlich fühlen. Eines sage ich dir: Als dein bisher einigermaßen kommod laufender Algorithmus kenne ich in der Pubertät die Welt nicht mehr. Immer rücksichtsloser mischen sich *Geschlechtshormone* in meine Rechenläufe ein und drängen mich in den schrägsten Situationen zu unsinnigem Getue. Das dauernde seelische Auf und Ab, dieses doofe Hin und Her des Selbstwertgefühls – mal total im Keller, dann wieder über allem schwebend, bloß weil da wieder eine mit anscheinend unruhigen Hüften in Hotpants rumgelaufen ist oder einer mit extra viel Schmalz auf der Gitarre rumgeschnulzt hat. Zugegeben ist es eine Offenbarung, wenn sich zwei Süße bei Mondschein treffen und Händchen halten und so, dann ist der Rausch der rosaroten Gefühle, der dann über deren Algorithmen kommt, einfach unbeschreiblich. Könnte ich doch dabei sein! Wie ein Süchtiger würde ich mich kopfüber in diese irren Gefühle hineinstürzen, mitten in diese Dopaminschwemme, und würde bis an die Ohren in diesem göttlichen Belohnungszeugs baden. Und erst das selige Herumschweben! Hoch über allem Banalen. Zugegeben, die Landung machts. Das kann dann ein hartes Aufsetzen auf die irdische Rollbahn der Realität werden, bei dem schon mal das seelische Fahrwerk verbogen werden kann und man hoppelnd im Grünen landet. Wieder auf Kurs zu kommen ist eine Herkulesaufgabe, die alles an Energie braucht, was noch verfügbar ist: volle Unterstützung durch Freunde, Alkohol, Zigaretten, Ablenkungen, was weiß ich. Wem dieses allzu körperliche und leicht in jede Richtung ausufernde Verhaltens-Repertoire zu aufwendig, zu risikoreich und zu verschleißend erscheint, kann auch auf dem Handy rote Herzchen schicken. Das kommt auch gut an und ist unverfänglicher – man muss ja nicht bei aller Liebe gleich körperlich zugegen sein.

Eine Frage lässt mich als dein Algorithmus nicht ruhen: Verliebst du dich eigentlich als Mensch selbst oder bin ich es als männlich ausgelegter Algorithmus, der sich in sein weibliches Pendant, seine *Algorithma* verguckt? Ja, ich glaube fest daran, dass Frauen einer ganz eigenen *Algorithma*, der weiblichen Form eines Algorithmus folgen. An mir, also meinem männlichen Algorithmus gemessen, sind Frauen in ihrem Verhalten nämlich rätselhaft und weithin unbegreiflich. Das wird eine Algorithma im umgekehrten Fall nicht anders empfinden.

Aber Vergleiche führen nicht weiter, hat doch die Natur männliche und weibliche Algorithmen nicht auf Vergleich und Konkurrenz, sondern auf Ergänzung und Zusammenarbeit im Sinne bestmöglicher Fortpflanzung ausgelegt und – nicht zu vergessen – auch um durch Begehren, Lust und Freude aneinander erhebliche, im Grunde nicht verzichtbare Mengen an seelischer Energie aus diesem geschlechtlichen Umgang zu schöpfen.

Hormone haben was! Lieber etwas mehr davon als zu wenig. Stärkere gegenseitige Anziehung und akzentuierteres erotisches Profil, leichtere Orientierung und stärkere Resonanz. Läuft etwas aus dem Ruder, kann es böse krachen, dann sind eben die Hormone schuld, gegen die kann sowieso keiner was machen. Ich auch nicht.

Krass wird es erst, wenn so gar nichts Hormonelles mehr läuft und damit oft auch der seelische Pegel so tief ins Bodenlose fällt, dass nicht einmal mehr genügend Energie bleibt, um meine Sensoren anständig zu betreiben. Mein Mensch kann sich dann selbst körperlich nicht mehr spüren und beginnt, sich auch seelisch zu verlieren mit so schwierigen Fragen wie: *Wer ich bin, warum sollte ich überhaupt wer sein und welchen Sinn sollte das noch haben?*

So mancher schwachbrüstige Algorithmus knickt unter der Last einer hammermäßigen Pubertät ein, erleidet einen Zusammenbruch und drückt in der Verzweiflung tiefster Depression den roten Knopf der Selbstzerstörung: völlige Unberechenbarkeit, irre Risiken, sich zu Tode hungern, sich selbst verletzen, Drogen, Selbsttötung auf Raten, Kriminalität … Du kannst es mir glauben: Pubertät hat sogar für einen gestandenen Algorithmus wie mich den Rang einer Geis-

teskrankheit, der – wenn überhaupt – nur mit äußersten Mitteln bei-
zukommen ist. Ganz besonders in der Pubertät braucht es eine ver-
ständnisvolle Familie, aber zumindest *eine* Vertrauensperson, die
die schlimmsten Ausbrüche abdämpft und wenigstens eine gewisse
Orientierung vermittelt. Und für mich gilt: Ich kann nichts machen
außer durchhalten und hoffen, dass es bald vorübergeht.

Resonanz

Es gibt ja so viele Mutmaßungen über die Entwicklung eines Menschen von Anfang an, z. B.: *Es gibt keinen genetisch bestimmten
Charakter*, sagen die einen, *das Neugeborene ist ein weißes Blatt,
das rein kulturell durch sein Umfeld mehr oder weniger beliebig mit
Inhalt zu befüllen ist.* Die Erfahrung spricht dagegen, fallen doch
bei manchen Menschen von frühester Jugend an Verhaltensstörun-
gen auf, die sich durchs ganze Leben ziehen und kaum beeinfluss-
bar erscheinen, z. B. Grenzüberschreitungen wie Lügen und Stehlen
noch in einem Alter, in dem andere dies längst überwunden haben,
oft mit der Folge ausgeprägt krimineller Karrieren. – Der Vorteil des
Weißes-Blatt-Modells? Keine Selbstverantwortung: Das soziale
Umfeld, somit auch die Gesellschaft selbst, hat das unschuldige
Blatt beschrieben und ist folglich an allem schuld. Der Betroffene
selbst hat weder Anlass noch Pflicht, sein Schicksal selbst in die
Hand zu nehmen und sein Tun zu verantworten.

Dann vielleicht lieber *Das Umfeld dominiert die Genetik?* Jede
noch so schräge Aufgabe, von außen an die Genetik herangetragen,
hat diese gefälligst zu lösen, aber selbst keine Ansprüche zu stellen?
Genetik als willfähriger Handlanger des Umfelds? Der Mensch passiv und brav wie ein Lämmchen, ohne eigene Interessen und Aktivi-

täten? Keine eigenen drängenden Bedürfnisse, kein Streben nach Verwirklichung seiner Anlagen? 'Das ist nicht sehr realistisch.

Und – nicht schon wieder: *Das Bauchgehirn bestimmt die Seelenlage* oder gleich das glatte Gegenteil: *Die seelische Verfassung dominiert das Bauchgehirn!* Alles zu kurz gegriffen. Viel effizienter ist nämlich ein dynamisches Wechselspiel zwischen den Bedürfnissen und Fähigkeiten eines Individuums und den Ressourcen, die ihm sein Umfeld bietet: Einerseits die eigenen Bedürfnisse effizient zu befriedigen, andererseits auf Anforderungen aus dem Umfeld ebenso effizient zu reagieren.

Je besser das Fähigkeitsprofil eines Menschen mit den Möglichkeiten übereinstimmt, die ihm sein Umfeld bietet, desto größer wird sein Ertrag an seelischer Energie ausfallen. Er kann alles, was gebraucht wird, und das Umfeld hat alles, was er braucht: die ideale *Resonanz*. Bei einem eher ungünstigen Fähigkeitsprofil präsentiert sich hingegen das schiere Gegenteil: Was er kann, braucht keiner, und was gebraucht wird, kann er nicht leisten. Keine Resonanz zwischen Individuum und Umfeld.

Wie kommt nun eine bestmögliche Resonanz zustande? Die Genetik beschreibt zunächst einmal eine über die DNA chemisch definierte Ausgangsposition. Dort sind alle originären Optionen des Lebewesens festgelegt: sein Aussehen, seine Begabungen aber auch seine Grenzen. Ob und wie stark er seine Anlagen jemals in Gänze wird entwickeln, abrufen und nutzen können, hängt stark von seinem weiteren Werdegang ab.

Natürlich ist hier nicht die Rede von einzelnen Genen, sondern von Kombinationen, möglicherweise Tausender, so viele eben nötig sind, um z. B. die Basis für ein gutes Ballgefühl und treffsicheres Werfen zu schaffen. Dabei ist der weiterführende Gedanke nicht von der Hand zu weisen, ob nicht die in der DNA originär gespeicherten Eigenschaften jede für sich bereits als Investition der Natur zu betrachten wären, frei nach dem Prinzip: *Dem Kerl habe ich ein besonderes Ballgefühl in die Wiege gelegt, ihn auf Ball-Spielen hin genetisch vorstrukturiert, also soll er gefälligst auch Ball spielen, damit sich meine Investition lohnt. Wenn er es tut, werde ich ihn fürstlich belohnen. Wenn nicht, gibts auf die Mütze.* Mit dieser Begabung am Ball wird es dem Betreffenden bei einiger Übung leichtfallen, die Ballspielerei zu einer ergiebigen Quelle seelischer Energie zu entwickeln, gleich ob er mit Freunden, privat im Verein oder professionell spielt. Der Begabte ist mit seiner besonderen Vorstrukturierung auf dem Gebiet seiner Stärken deutlich effizienter in der Umsetzung in die Praxis als jemand ohne diese Begabung. Der weniger Begabte müsste viel mehr trainieren und würde die Fertigkeiten des Begabten vielleicht dennoch nicht erreichen. – Also Effizienz als umfassendes Grundprinzip der Natur bis hinab zu den Genen? Was einem die Natur Besonderes mitgegeben hat, das sollte man auch leben?

Beispiel: Dem jungen Burschen werden verschiedene Sportarten angeboten. Er probiert hier und da, dies und jenes, nichts regt sich, aber plötzlich weiß er: *Ich will Basketball spielen.* Woher weiß er das? Beim Basketball ist die innere Resonanz richtig *angesprungen*, wie bei der jungen Frau und dem Kleid im Schaufenster. – Es gibt durchaus wissenschaftliche Hinweise[14] auf die Existenz solcher Resonanzen, z. B. mit der Entdeckung der *Spiegelneuronen*, die bereits Signale aussenden, wenn jemand eine Handlung lediglich beobachtet.

Wie könnte man sich in unserem Gedankenmodell eine Resonanz praktisch vorstellen? Früher, als die Radios noch analog waren, gab es einen Sender, der mittels elektromagnetischer Wellen auf einer bestimmten Frequenz sein Programm ausstrahlte. Ein Schwingkreis im Empfänger musste nun an einem Drehknopf auf die Sendefrequenz abgestimmt werden, der seinerseits einen Drehkondensator verstellte. Erst wenn der Empfängerschwingkreis auf die Sendefrequenz *abgestimmt* war und mit dieser in *Resonanz* geriet, konnte die elektromagnetische Welle *empfangen*, die Musik decodiert und zu Gehör gebracht werden. Zugegeben eine besonders einfache Art von Resonanz, aber eine solche kann auch bei komplexeren Situationen auftreten:

Canyengue ist ein Vorläufer des argentinischen Tangos, hat einen eigenen Rhythmus und wurde um das Jahr 1900 herum in Buenos Aires getanzt. Die Besonderheit: Da damals auf zehn Männer nur eine Frau kam, hielten die Frauen es nicht für nötig, selbst tanzen zu lernen. Sie erwarteten vom Mann, so geführt zu werden, dass sie *nur* die Schritte und Bewegungen machen *konnte*, die sie als Frau im Tanz bestmöglich präsentierten. Ein Maestro des Tangos sagte auf die Frage, woran man einen *Canyengue-Tango* erkennt: »Ich wüsste nicht, wie ich das beschreiben sollte, aber wenn einer gespielt wird, spüre ich tief von innen heraus, dass es einer ist, nehme den Rhythmus auf und fange an zu tanzen«.

Auch in der freien Natur ist das Phänomen der Resonanz gut zu beobachten: Wir haben einen Frosch namens *Froggy* in unserem Gartenteich. Da es zu wenig Insekten gibt, werfen wir ihm gelegentlich ein paar Mehlwürmer zu. Selbst wenn ein Wurm genau vor seiner Nase landet, sich aber nicht bewegt, regt sich bei ihm nichts – keine Resonanz. Erst wenn der Wurm anfängt, sich zu ringeln, gerät durch dieses Bewegungsmuster wohl irgendein neuronales Netz bei Froggy in Resonanz, das ihm Beute signalisiert. Ein sichtbarer Ruck geht durch Froggy, er fixiert den Wurm und schnappt zu.

Resonanz ist eine sehr weit verbreitete Erscheinung: Im Grunde lebt auch jedes Gespräch von der Resonanz zwischen den Beteiligten. Beim Gegenüber Resonanz zu erzeugen, sei es infolge ähnlicher Sichtweisen und Interessen oder bloßer Sympathie, ist Voraussetzung dafür, dass überhaupt Inhalte *rüberkommen*. Ohne Resonanz redet man aneinander vorbei.

Wie nun lässt sich Resonanz im Gespräch herstellen? Einfühlungsvermögen ist gefragt, um den seelischen Status des Gegenübers zu erfassen: mit allen Sinnen, dem wachen Verstand, auch mit dem *sechsten Sinn* und aller Intuition. Ob emotionaler Eindruck oder bewusste Beobachtung: Es können gar nicht genug Informationen sein, um diese schwierigste aller Aufgaben zu lösen: die seelische Einschätzung des Gegenübers mit dem Ziel, Resonanz und Spielraum für die eigene Argumentation zu schaffen.

Wenn der Gesprächspartner im seelischen Defizit und stressbelastet erscheint, würde es sich nicht empfehlen, ihn gleich mit Dingen zu überfallen, die ihn noch mehr beanspruchen. Er würde aus Überforderung dichtmachen und du könntest stundenlang argumentieren und würdest nichts bewegen. Es bleibt dir nur der Versuch, den seelischen Pegel deines Gesprächspartners so weit anzuheben, dass er überhaupt *resonanzfähig* ist. Aber wie und wie weit? Zunächst durch Sachlichkeit und Verzicht auf persönliche Angriffe. Die Realität zu verweigern und die Emotionalität ausufern zu lassen ist oft der Grund für nutzlose Auseinandersetzungen, die nicht nur keine konstruktiven Ergebnisse erbringen, sondern auch die Atmosphäre für zukünftige Treffen verderben. Wenn die Gegenseite eine Meinung vorträgt, genügt es nicht, ein emotionales *Das gefällt mir nicht* oder *Wie kann man bloß eine solche Meinung vertreten* von sich zu geben, sondern Respekt und Gesprächskultur gebieten es, dem eine mindestens *gleich gut begründete eigene Vorstellung* entgegenzuhalten – das ist eine aus der Wissenschaft entliehene Vorgehensweise. Erst in solch sachlicher Konstellation lassen sich Interessen ausgleichen und Kompromisse finden, die beide Seiten ohne bleibenden Schaden tragen können.

Und wenn dein Gesprächspartner überheblich und arrogant wird, weil er im Moment auf einem noch höheren Pegel läuft als du? Oder sich diesen nur einbildet und für deinen Geschmack ein wenig zu manisch wird? Dann gibts nur eins: Zurückstutzen und Grenzen setzen, denn ansonsten besteht die Gefahr, dass er *dich* in die Defensive bringt und über den Tisch zieht. Die stärkste Resonanz und beste Erfolgsaussicht ist indes zu erzielen, wenn die seelischen Pegel, die Themen und die Stärke des Interesses und Engagements der beiden Gesprächspartner übereinstimmen.

Es soll Länder geben, da ist immer etwas Alkoholisches zur Hand und man redet über Gott und die Welt, nur nicht übers Geschäft. Das macht man eher beiläufig, wenn alle auf ein und demselben *Pegel* sind, dem alkoholischen wie dem seelischen. Das ist dann Resonanz pur und garantiert gute Geschäfte.

Filterung

Wie könnte man sich nun das Wechselspiel zwischen Genetik und Umfeld aus Sicht eines Resonanz-Modells praktisch vorstellen?

Erster Fall: Ein eigenes Bedürfnis, z. B. Hunger. Der Algorithmus scannt die Umgebung nach Essbarem ab. Identifiziert er Nahrung, gerät das für den Bereich *Hunger* zuständige neuronale Netz im Gehirn in Resonanz, genau wie beim Frosch und dem sich ringelnden Wurm. Das resonante Netz blockiert die übrigen Netze, um sich auf die Nahrungsbeschaffung zu fokussieren, setzt Adrenalin frei und aktiviert Energie, um die Nahrung in Besitz zu nehmen und zu verspeisen. Ist die Aktion erfolgreich, der Mensch gesättigt, schüttet sein Algorithmus Belohnungssubstanz aus und belohnt ihn durch ein angenehmes Gefühl des Genusses und der Sättigung.

Im zweiten Fall wäre eine äußere Anforderung zu bewältigen, sagen wir, einen Ball in einen Korb zu werfen. Der Algorithmus scannt nun das Repertoire seiner Fähigkeiten ab, das er bis zu diesem Zeitpunkt in Bezug auf das Ballwerfen entwickelt hat. Liegt eine solche Fähigkeit vor, gerät diese in Resonanz und an deren Stärke kann der Algorithmus die Qualität dieser Fähigkeit abschätzen und sie mit der Höhe der Anforderung vergleichen. Ideal ist, wenn Fähigkeit und Aufgabenhöhe sich entsprechen. Dann ist die Chance groß, dass du in den Korb triffst.

Schätzt dein Algorithmus deine Fähigkeit jedoch zu gering ein, stellt er keine Energie zur Verfügung und entwickelt keine Motivation: Dann traust du dich nicht, den Ball zu werfen. Versuchst du es trotzdem, wirst du mit großer Wahrscheinlichkeit scheitern.

Und wenn dein Algorithmus eine starke Resonanz feststellt, die eine so hohe Fähigkeit zum Werfen bedeutet, dass sie die Anforderung weit übersteigt? Dann besteht die Gefahr, dass dein Algorithmus die Aufgabe nicht ernst genug nimmt, in überheblicher Weise zu wenig Energie investiert und- kläglich scheitert. Im Fußball ist es auch für den unangefochtenen Meister eine Todsünde, seinen Gegner zu unterschätzen.

Wie kommt es nun überhaupt zu einer ausgebildeten Fähigkeit? Elementare Grundlage ist wie immer die Genetik in Form der DNA, die allerdings nicht im Original abgelesen werden kann, weil sich nun der Filter der Epigenetik dazwischenschaltet, der die Ablesung der originalen DNA modifiziert. Die Epigenetik wirkt wie ein *aktiver* Filter, indem die originären Infos der DNA schwächer, aber auch stärker abgelesen und umgesetzt werden können. – Es ist wie bei der Wiedergabe von Musik: In der Stellung *linear* werden alle Tonfrequenzen gleichmäßig wiedergegeben. Bässe und hohe Frequenzen können aber auch aktiv angehoben oder abgeschwächt werden.

Auch der epigenetische Filter scheint aktiver Art sein. Die Ablesung der genetischen Information kann unterstützt oder abgeschwächt werden, z. B. bei der Entwicklung des Embryos, indem die als Bauplan vorliegenden Anlagen besonders gut oder eben weniger gut in die *Hardware* des werdenden Kindes umgesetzt werden.

Die Säuglings- und Kleinkindphase wirkt als nächster Filter: Durch Zuwendung oder Vernachlässigung können Eigenschaften gefördert, behindert oder unterdrückt werden. Art und Intensität der Zuwendung selbst wirken sich auf die allgemeine Seelenlage des Kindes aus, z. B. ob es mit hohem seelischem Pegel etwas wagt und gewinnt oder im seelischen Defizit eher melancholisch und passiv bleibt und seine Möglichkeiten nicht ausschöpft.

Während der Jugend können die bisher entwickelten Anlagen wiederum durch den Einfluss von Familie und sozialem Umfeld aktiv beeinflusst werden, manche Aktivitäten durch Förderung verstärkt, andere nachdrücklich geschwächt oder unterdrückt werden. *Schluss mit Fußball, ab in die Klavierstunde!* Manchmal kann der Heranwachsende seine *Verbiegung* im Elternhaus gar nicht hinnehmen, da er mit seinen Fähigkeiten und Bedürfnissen bei solch eingeschränkten Freiräumen nicht genügend seelische Energie erarbeiten kann. Der resultierende seelische Mangel begünstigt oder provoziert sogar ein geheimes *zweites Leben* oder auch aggressive Konfrontation: Nachts, wenn alle schlafen, aus dem Fenster zum geheimen Rendezvous gehen oder bereits beim Frühstück Zoff. Der Klassiker im seelischen Tief der Pubertät: *spießiges* Elternhaus, eine Familie mit ideologisch beschränktem Geist, mit veralteten Vorstellungen und Zielen, allzu speziellem Glauben oder was auch immer. Der Sohn soll vielleicht das Geschäft des Vaters übernehmen, die Tochter Arzthelferin werden statt Ärztin … Wohl dem, der sich gegen solch einschränkende Einflüsse auf die eine oder andere Weise behaupten kann. Einen Jugendlichen in die falsche, lediglich vom Erzieher gewünschte Richtung zu drängen und dessen Anerkennung von der ihm abgeforderten Leistung abhängig zu machen, kann viel Schaden anrichten. Der eher zurückhaltende Sohn mit musischen Interessen ist dann kein *richtiger* Mann und die Tochter soll die Rolle eines Sohnes ausfüllen, weil man viel lieber einen solchen gehabt hätte …

Gleich auf welche Weise und durch welche verformenden Einflüsse das Fähigkeitsprofil des Erwachsenen zustande gekommen ist: Am Ende muss es reichen, im täglichen Leben genügend seelische Energie zu erwirtschaften.

Genug gelernt? Aufwendige Weiterentwicklung und lästiges Lernen ab jetzt überflüssig? Nein, es geht ein Leben lang weiter, nur eben auf *eigene Verantwortung*. Das Umfeld der Erwachsenen stellt wieder einen aktiven Filter dar, der manche Fähigkeiten begünstigt, andere wiederum ausbremst oder gleich ganz unterdrückt: *Der Kerl ist fähig und zuverlässig, aber er redet zu viel. Den kriegen wir noch hingebogen!*

Mentale Bremse

Würde man sein Leben ganz ohne Einsatz von Vernunft und Verstand und nur mit dem Autopiloten *Bauch* abwickeln, gäbe es sicherlich spontane Erlebnisse mit großem Belohnungspotenzial, aber was ist mit den Spätfolgen?

So, ab hier übernehme wieder ich. Es kommt einfach besser rüber, wenn ich als dein Algorithmus zu diesem Thema wieder selbst das Wort ergreife. Damit hier überhaupt einer merkt, was so in mir vorgeht und was ich alles auszuhalten habe. Hört euch das mal an:

Samstag, mein Mensch ist auf der Weihnachtsfeier, es gibt Prosecco, eine hübsche Algorithma gerät in den Bereich meiner Sensoren. Süße Figur, nicht zu dünn und so, wir beide mit etwas Pegel, seelisch wie eine Feder und beschwipst zugleich, wir plaudern leicht und kommod, es kommt zu überschäumender Resonanz, unsere Algorithmen sind Ruckzuck ineinander verschlungen und über allem schwebend. Im letzten Moment zieht mein Mensch plötzlich die Notbremse, sagt was von *verheiratet* und pfeift mich barsch zurück, wo doch schon seelische Energie in Tsunamistärke im Anfluten ist. Irgendein Stirn- oder Schläfenlappen, zuständig für Verstandeskontrolle und das Vermeiden oder wenigstens Begrenzen von ausgemachten Dummheiten, hat aus allen Neuronen gefeuert und sich mit aller Gewalt auf mich geworfen. Wohl oder übel mussten meine Rechenvorgänge der Vernunft weichen und den hoffnungsvollen Flirt zu Grabe tragen. Zugegeben: Frau weg, Kinder weg, Haus weg, Geld weg ist jedes für sich als mögliche Folge solch sicherlich himmlischen Erlebnisses wenig attraktiv. Eigentlich kann ich dem Lappen für die Vermeidung einer absehbar massiven Katastrophe dankbar sein …

Der freie Wille

Nun will ich wirklich nicht so tun, als würde ich diesen Stirn- oder Schläfenlappen so gar nicht kennen, schließlich gehört er ja zu meinem Königreich, aber bisher nicht gerade zum Adel, viel öfter zu den Knechten. Jedenfalls kann ich mir das an ein paar Synapsen abzählen, wie oft der sich überhaupt mal bemerkbar gemacht, geschweige denn was Vernünftiges beigetragen hat.

Aber am Samstag auf der Feier? Wie kommt ein solch lascher Lappen dazu, mir in den Rücken zu fallen und im bereits weit fortgeschrittenen Lauf der Dinge noch das Steuer herumzureißen? Mir noch im letzten Moment Vernunft aufzuzwingen? Das sieht doch verdammt nach *freiem Willen* aus! Aber hier kann doch nicht jeder machen, was er will!

Eines muss ich zugeben: Mein Mensch hat eine liebe Algorithma, zwei süße Klein-Algorithmen, eine famose Behausung und einen guten Job. Er hat im Grunde alles, was man so landläufig anstrebt. Ein bisschen spießig allerdings, fehlt nur noch der Gartenzwerg im Vorgarten. Wäre da nicht so ein kleines spontanes Abenteuer gerade das Richtige gewesen? Ich habe doch bereits himmlischer Erwartung halber in Belohnungssubstanz geradezu gebadet! Was habe ich nicht alles versucht, habe ihm die junge Algorithma noch attraktiver und anschmiegsamer dargestellt und die Chancen eines eventuellen Entdecktwerdens bis auf null heruntergefälscht. Und dann dieser Rückzieher! Wie schade! Das tut richtig weh!

Dabei habe ich einen ganz bösen Verdacht: Der Lappen muss aufgerüstet und mich durchschaut haben, meine hinterhältige Strategie und meine doch so perfekte Illusion. Mit seinem bisher unscheinbaren Stirnhirn erarbeitet er sich plötzlich eine eigene Realität, gegründet auf Vernunft und Fakten, unabhängig von meinen Fälschungen. Dieser nunmehr intelligent gewordene Frontallappen ist viel näher an der objektiven Realität, als ich es mit meinen völlig veralteten Programmen je sein könnte. Leider gilt für mich seit Menschengedenken immer noch: *Hier bin ich, mache Mist und kann nicht anders!*

Wie stehe ich denn nun da? Als primitiver Realitätsverdreher, Lügner und Manipulierer! Zum Verrücktwerden! Meine erste Regung war natürlich, ihm das heimzuzahlen – also noch mehr fälschen, noch mehr hinters Licht führen? Einen Krieg um die Realität? Hier ich, mit meinen Millionen Jahre alten nicht mehr zeitgemäßen Programmen und meiner verdammten Abhängigkeit vom seelischen Pegel, dort die mit jeder Erfahrung und Einsicht wachsende Performance dieses cleveren Stirnhirns? – Keine Chance. Zum Glück hatte ich einen guten Tag und habe mich noch besonnen. Ich will ja nicht wirklich einen offenen Krieg *Autopilot gegen Verstand*, wo wir doch im gleichen Boot sitzen. Ich habe mich also entschlossen zu kooperieren und die Impulse dieses *Spielverderbers* fortan ernster zu nehmen und stärker zu berücksichtigen. Es ist ja nicht so, dass ich nicht weiterhin das Heft in der Hand behielte. Glaube ich jedenfalls. Früher waren das seltene Ausnahmen, wenn ich den Lappen mal ein bisschen habe mitspielen lassen.

Wenn es mal hart auf hart ging, hätte ich es früher nie zugelassen, dass dieser Lappen mir dazwischenfunkt und sich in meine Entscheidungen einmischt, aber heute? Wenn mein Mensch genügend seelische Energie erwirtschaftet hat und im seelischen Gleichgewicht ist, dann kann ich ihm doch mit Fug und Recht auch ein bisschen Vernunft und im engen Rahmen auch ein wenig *freien Willen* zugestehen.

So ganz frei ist dieser Wille ja sowieso nicht, denn was heißt schon *frei*? Auch ein noch so freier Wille kann nicht aus seiner Haut heraus. Denn was will er denn? Doch wieder mehr Spielraum, um an seelische Energie zu kommen, vielleicht auf intelligentere Weise, als ich es könnte, und weniger durch schiere *Dummheit* verlieren. Deshalb hat er mich bei meinem Drang zum Techtelmechtel so krass ausgebremst: Wegen der Spätfolgen. So weit hätte ich im Eifer des Gefechts nie und nimmer gedacht.

Intelligenz und Dummheit

Dummheit? Schnell gesagt, aber ein unscharfer Begriff und wie eine heiße Kartoffel, spielt doch da ein ganzes Orchester von Aspekten mit: mangelnde Sensibilität, eine Situation zu erfassen, zu wenig Wissen, um diese umfassend zu werten, und zu geringe Fähigkeit, das Erdachte in die Realität hinein umzusetzen … Dumm aber sich bauernschlau durchgemogelt? Dumm nur in bestimmten Bereichen oder infolge ideologischer Scheuklappen? Dumm nur im Moment, aber langfristig intelligent oder umgekehrt? Vielleicht ist es nur die Überheblichkeit des angeblich Intelligenten, der bestimmt, was intelligent und was dumm ist?

Intelligenztests messen den Intelligenzquotienten eines Menschen nach einem standardisierten Verfahren als *intellektuelles Leistungsvermögen im Allgemeinen* über viele Bereiche hinweg. Was außen vor bleibt, ist die seelische Lage: Der eine verliert bei seelischer Belastung schneller den Kopf als der andere: *Der Karl wird wegen jeder Kleinigkeit aggressiv und macht sich mit seinem dummen Verhalten jede Chance kaputt.* Intelligenz ja, lässt sich aber wegen mangelhafter Selbstbeherrschung nicht erfolgreich einsetzen. So kann man Dummheit als Abwesenheit von Intelligenz im täglichen Leben wohl messen. Das heißt aber noch lange nicht, dass hohe Intelligenz beim Test als genereller Erfolgsfaktor aufzufassen wäre. Oft entscheidet eine *soziale Intelli-*

genz darüber, ob eine sachliche Intelligenz überhaupt wirksam werden kann.

Wie auch immer, aus meiner ganz praktischen Algorithmen-Sicht darf Intelligenz nicht über *einen* Kamm geschert, sondern muss aus dem jeweiligen Verhalten in verschiedenen Situationen, also *prozessorientiert* gesehen werden:

Werde ich als dein Algorithmus mit einer Aufgabenstellung konfrontiert, muss ich einen Prozess zur Lösung derselben erarbeiten und durchführen, mit dem von der Natur vorgegebenen Ziel, mit möglichst wenig Verbrauch an seelischer und körperlicher Energie ein Optimum an seelischer Energie als Belohnung aus dieser Aktivität zu schöpfen.

Also, mein kunstbeflissener Mensch will ein Bild aufhängen. Ich tue mich mit dem Lappen zusammen und wir fragen uns: Was wäre ein optimales Vorgehen? Besteht die Wand aus Beton, Mauerwerk oder nur Gipsplatte? Wir wählen den richtigen Dübel und prüfen vor dem Bohren mit dem Metallsucher auf Wasser- oder Stromleitungen. Während des Bohrens wird der Staub abgesaugt. Dann wird die passende Schraube in den Dübel gedreht, das Bild aufgehängt und fertig! Wäre alles bedacht und so durchgeführt worden, dann würde der Blick auf das Bild für alle ein großes Belohnungsgefühl auslösen, denn alles hätte so geklappt wie geplant, das Optimum wäre erreicht.

Wären der Lappen und ich an dem Tag aber nicht so gut drauf, würden wir uns vielleicht anpampen und darüber vergessen, auf Rohre oder Strom zu prüfen, darum womöglich eine böse Überraschung erleben und viel seelische Energie verlieren. Für die harte Betonwand hätten wir vielleicht die falsche Bohrmaschine eingesetzt, für den Dübel die falsche Schraube … Es gibt viele Möglichkeiten am Bau, dass etwas schiefgeht.

Ob ich nun zu wenig weiß, nur an jetzt und nicht an später denke, irgendetwas falsch einschätze oder schlichtweg zu faul bin: Sobald ich mit meinem Aufwand über und mit meiner Belohnung unter dem Idealwert bleibe, ergibt sich eine Differenz, die man als *Unvollkommenheit* oder etwas abschätzig auch als *Dummheit* bezeichnen könnte. Je mehr im Vergleich zum optimalen Vorgehen schiefgegangen ist, desto dümmer und weniger intelligent ist die Aktion gelaufen: Intelligenz auf diese Aktion bezogen wäre: Gesamtertrag an seelischer Energie im Idealfall minus der durch Dummheit erlittenen Verluste. Aber wer ist schon auf jedem Gebiet Fachmann? Wir machen Fehler, werten sie aus und lernen dazu: *Intelligente Schritte vervollkommnen, dumme minimieren.*

Es gibt eine Intelligenz des Moments im Hier und Jetzt und eine, die langfristige Gesichtspunkte einbezieht, z. B. heute mit viel CO_2 kommode Lebensverhältnisse realisieren, aber langfristig durch Änderung des Klimas schwere Nachteile einfahren. Daran erinnert mich mein Lappen ständig. Früher ging mir das so was von auf den Senkel, aber inzwischen meine ich, dass der Lappen gar nicht so unrecht hat, wenn er auf die Zukunft schaut und wir beide erkennen, dass die angeblich *intelligente* Lebensführung, auf die wir heute so stolz sind, langfristig gesehen wenig intelligent, eigentlich strunzdumm erscheint.

Bevor ich es vergesse: Da hat doch ein übler Zeitgenosse versucht, mir ein Abonnement anzudrehen, indem er mir Lügen aufgetischt und Wichtiges weggelassen hat. Er hat mir falsche Rahmenbedingungen vorgespielt, um mich zu einer für ihn günstigen, für mich aber nachteiligen Entscheidung zu bringen. Mein Lappen hat mich gerettet und ich bin ihm inzwischen sehr dankbar dafür, dass er mich mit seiner sachlichen und kreativen Art schon vor vielen Fehlern bewahrt hat. Zusammen mit unserer Intuition sind wir inzwischen ein unschlagbares Team, aber das sage ich dem Lappen vorerst nicht. Mein Vorschlag: Ich mache die 99,9 Prozent der Routinearbeit und der Lappen übernimmt den Rest wie *Übersicht* und *langfristige Überlegungen*, als eine Art Navigator, der das Ziel kennt und auch den besten Weg dorthin erdacht hat. Unter hohem und höchstem Energieverbrauch macht er Strategie, ich hingegen wickle die Ausführung, sprich das profane tägliche Leben mit möglichst wenig seelischem Spritverbrauch ab.

Zugegeben: Heutzutage müssten Vernunft und Weitsicht einen weit größeren Stellenwert einnehmen, das wäre aber kein Problem, wenn alle Lappen endlich aufrüsten würden …

Denken und Ausreden

Sorry, aber ich als ehedem altbackener Algorithmus bin nun mal auf die Bewältigung von Defiziten und das Erfüllen von Lüsten – ja auch für diese – im Hier und Jetzt geschaffen und kann höchstens in mickrigen Ansätzen so was Ähnliches wie übergreifend und langfristig denken oder gar handeln. Das kann dieser clevere Lappen da oben viel besser. Aber wann ist schon mal genügend seelische Energie auf dem Konto, damit ich diesen geschichtlich doch recht neumodischen Außenseiter überhaupt mitmischen lassen kann? Sobald die Einkünfte schrumpfen, zu viel ausgegeben wird und der seelische Pegel sinkt, bin ich ja zur Schonung der seelischen Finanzen quasi gezwungen, als Erstes diesem energiefressenden Vernunftlappen den Saft abzudrehen.

Wie schön war das früher! Es ist mir fast ein bisschen peinlich und es fällt mir schwer, es zuzugeben, aber früher oder später wird man mir so oder so auf die Schliche kommen, also: So ganz abgeschaltet habe ich den Hirnlappen nämlich doch nicht. Wäre ja viel zu schade und im Übrigen auch nicht effizient gewesen, diesen zweifellos so fähigen Lappen arbeitslos herumhängen zu lassen. Der hätte mir nur faul auf der Tasche gelegen. Da habe ich eine super Lösung gefunden: Wenn ich ganz aus dem Bauch heraus und natürlich ohne vorher nachzudenken wieder mal Mist gebaut habe, kriegt der Lappen von mir den Auftrag, Ausreden und Scheinerklärungen selbst für ganz offensichtliches Versagen meinerseits zu erdenken: dass ich nichts dafür kann, dass alles völlig unvorhersehbar und legal war und die Schuld in Wirklichkeit bei diesem und jenem oder dem Schicksal selbst liegt. Ist das nicht genial? So habe ich den lästigen Kritiker kaltgestellt und gleichzeitig einen potenten Fürsprecher gewonnen, der in meinem Auftrag, brav wie ein Lämmchen, den anderen eine wohldurchdachte Scheinrealität präsentiert und mich von jeder Verantwortung freispricht. Ich will ja nicht zu sehr über die Stränge schlagen, aber ist es nicht zum Piepen, dass dieser brave Denk-Lappen sich selbst bei noch so vermeidbaren Fehlern meinerseits so engagiert bemüht, richtig kreative und höchst pfiffige Ausreden zu erfinden? Und ich damit auch noch durchkomme?

Herrgott, das wäre ja eine noch effizientere Strategie: Statt vorher höchst aufwendig zu denken, einfach aus dem Bauch heraus *machen* und wenn's schiefläuft, dem Lappen aufzutragen, die Schuldfrage mit Ausreden, Scheinbehauptungen und alternativen Fakten zu vernebeln und zu verfälschen. Mann! Darauf hätte ich schon früher kommen können! Oder?

Zweifel

Trotz allem bin ich irgendwie irritiert und zweifle an mir selbst. Warum können so viele Menschen ihren doch so hilfreichen Lappen nicht ins Spiel bringen oder fördern und ausbilden, ein bisschen mehr Übersicht und langfristiges Denken und Handeln entwickeln?

Besonders *Handeln*? Schwätzer gibt es im Überfluss, ist doch Standard allerorten. Es ließen sich so viele Aufgaben, Probleme und Fragestellungen lösen, wenn doch nur dieser Lappen mit seinem Verstand und seiner Fähigkeit, lösungsorientiert zu denken und zu handeln, mehr Gewicht hätte. Das wäre auch für mich gut, weil ich dann nicht so viel kurzsichtigen Mist bauen würde. Bin ich vielleicht mit schuld?

Ich bin zu der Einsicht gekommen, dass meine über Jahrmillionen hinweg nach dem Prinzip *Versuch und Irrtum* entwickelte Programmierung mit Verzerren, Falschdarstellung der Realität bis hin zum Präsentieren einer reinen Illusion in der heutigen Zeit keine gute Lösung mehr ist. Wenn ich im seelischen Pegel absinke, ins Defizit und dann auch nur ein bisschen in Stress, Angst und Hysterie gerate, verliert der Lappen viel zu schnell den Überblick und kann nicht mehr klar denken. Das Denken selbst wird dann aus Mangel an seelischer Energie von mir auf Minimalniveau gedeckelt und mit der dann verbleibenden Primitiv-Ideologie mit Scheuklappen lässt sich sowieso keine Lösung mehr finden. Der totale Irrweg. Selbst nichts wissen, nicht denken und keine Zusammenhänge begreifen zu können, öffnet Tür und Tor für jedwede schädlichen Einflüsse von außen. In ein wackliges und undurchdachtes Konzept kann jeder seine egoistischen Interessen injizieren, ganz wie er will. Unwissenheit fordert Lobbyismus geradezu heraus. – Unwissenheit? Im Zeitalter von *Google* und Co?

Unversehens steht die Nachbarin vor der Tür mit der vorwurfsvollen Frage, ob ich noch immer solche Versuche in meinem Labor mache. – Wie bitte? – »Unsere Tischlampe fängt nach einiger Zeit an zu flackern und geht dann ganz aus. Hat das mit Ihren Versuchen zu tun?«

Als zupackender Algorithmus lasse ich meinen Menschen spontan zu ihr rübergehen. Die Lampe, ein Leuchtstoff-Energiespar-

Billigprodukt aus China, ist so heiß, dass man Eier darauf braten könnte. Klar, das Vorschaltgerät im Sockel ist schadhaft und heizt sich mit der Zeit auf. Bei genügend Hitze flackert das Ding, bei noch mehr Hitze geht es ganz aus. Habe versucht, das zu erklären – aber keine Chance. Beide Nachbarn machen weiter mein Labor dafür verantwortlich, schließlich ist mein Nachbar Professor und der weiß es besser. Ich bin dann wieder zu mir rüber, habe eine moderne LED-Lampe geholt und ohne weiteren Kommentar reingeschraubt. Daraufhin ist alles wieder paletti, die haben jetzt schöneres und noch helleres Licht. Für die beiden ist das allerdings der endgültige Beweis, dass doch ich mit meinem Labor an allem schuld bin, ganz nach dem Motto: Nur der's kaputtgemacht hat, kanns auch wieder heil machen. Zum Heulen. Wo bleibt da Wissen und Verstehen? Das ist ja Hexenglauben!

Eines muss ich meinem Menschen lassen: Bis jetzt hat er sein Leben mit mir zusammen wirklich gut hingekriegt. Ein bisschen Vernunft und freier Wille als Lappens Beitrag haben dabei sicherlich nicht geschadet. Inzwischen haben wir nicht nur das Kriegsbeil begraben, sondern uns sogar in wachsender Freundschaft verbunden. Welcher Genuss, wenn mein wohlmeinender Lappen-Freund trotz aller Vernunft mir dann und wann auch ein paar seelisch so hochprofitable wie risikoreiche *Ausrutscher* genehmigt und diese so intelligent organisiert und deckt, dass ich fast gar nicht erwischt werden *kann*. Das ist das Höchste!

Aber geschenkt wurde uns das nicht! Wie lange hat der Lappen sich gemüht und daran gearbeitet, mich und meine Tätigkeit zu verstehen und ich wiederum mich dazu durchgerungen, nicht nur meine ureigensten Programmierungen in bekannter Sturheit abzuarbeiten, sondern mit der Sicht des Lappens zusammen eine langfristig tragbare Lösung mit Durchblick und Übersicht zu erarbeiten!

Ich will mir gar nicht vorstellen, was ein Fremd-Algorithmus so alles Dummes und Kurzsichtiges treibt, wenn sein Lappen nicht denkt und er auch noch eine besonders lange Leitung zu ihm hinauf hat – keine Vernunft, keine Übersicht, kein Denken in die Zukunft. Soll es etwa so weitergehen? Mit Mensch 0.7 und weiter sinkend? Und das bei Industrie 4.0?

Wissen und Verstehen

Jetzt, da mein Mensch, sein Lappen und ich als sein Algorithmus einen auf enge Kooperation machen, wundert mich die geringe Beteiligung des Lappens bei den meisten anderen Menschen doch sehr. In der Politik ist das gerade noch verständlich, da dort fachliche Qualifikation gar nicht erst vorausgesetzt oder überhaupt nicht für nötig gehalten wird und auch keine Verantwortung für vermeidbare Fehler übernommen werden muss. In vielen Bereichen ist zu beobachten, dass nicht zu übersehende Entwicklungen aus mangelnder Weitsicht und purer Bequemlichkeit ignoriert werden, meist jedoch, weil nicht sein kann, was aus Prinzip oder denkfauler Ideologie nicht sein darf. Eine eigentlich untragbare menschliche Schwachstelle.

Was ich mich schon immer gefragt habe: Kann bereits mangelndes Fachwissen zusammen mit der Unfähigkeit, auch nur über *einen* Tag hinaus denken zu wollen oder zu können, dazu führen, dass der seelische Pegel mitsamt der Denke allein schon dadurch drastisch beeinträchtigt wird? Dass bereits fachliche Überforderung zwangsläufig Verwirrung bis hin zu Chaos und Hysterie auslöst? Wie doof fühle ich mich doch selbst, wenn da zwei über Dinge reden, von denen ich nichts verstehe. Zu jedem Thema müssen Argumente realistisch und vernünftig gegeneinander abgewogen und daraus Entscheidungen hergeleitet werden. Von den eigentlichen Inhalten zu wenig zu verstehen ist zutiefst verunsichernd und unterminiert meinen seelischen Pegel. Wie soll ich als armer Algorithmus da die Grundlage für eine Entscheidung erarbeiten? Das ist ja, wie sehen zu wollen mit beschlagener Brille oder Augenbinde!

Nichts zu wissen und nichts zu verstehen, mit dem vollen Risiko für Fehlentscheidungen, genügt wohl völlig, um den seelischen Pegel drastisch zu senken und in diesem Stress dem Einfluss eines vernunftbegabten Stirnhirns vollends den Garaus zu machen. Vorteil für den Beschränkten: Ihm selbst bleibt seine Unfähigkeit verborgen, weil sein Algorithmus ihm das gar nicht erst bewusst macht, wie sollte er auch, wenn sein Verstandes-Lappen längst das Handtuch geworfen hat. Wer sollte denn dann zur Einsicht kommen?

Auch durch Schlafentzug kann man mich sowieso schon voll gestressten Algorithmus vollends an den Rand bringen: reden, reden, verhandeln, verhandeln bis zum Morgengrauen. Da dann vor lauter Schlafentzug die Vorderlappen aufgegeben haben sachlich zu argumentieren – ausgerechnet die einzigen, die Probleme *lösungsorientiert* angehen könnten –, bewegt sich lange gar nichts. Erst wenn die Gehirne *aller* Beteiligten nicht mehr vernünftig denken können, die Frontallappen endgültig kapituliert haben und alle geistig stabil auf Minimalniveau angekommen sind, entsteht der faule Kompromiss. Sich darüber aufregen? Nicht nötig und auch nicht hilfreich: So funktioniert eben die heutige Art der Demokratie.

Unter der Hand habe ich mal einen befreundeten Algorithmus gefragt, einen mit Fahrermütze auf dem Hirngehäuse. Der kriegt ganz schön viel Ungeschminktes mit: Da wird gekrochen, gelogen und betrogen, werden Mehrheiten trickreich beschafft und Fakten verbogen oder geleugnet. Aber was solls, Hauptsache das Ergebnis des Wirkens wird eloquent und mit betont emotionaler Show unters

Volk gebracht. Das will es wohl so: Von Bauch zu Bauch, hoch effizient, keiner muss dabei denken. Ich als dein Algorithmus bin ja so froh, dass du zur Gilde der Fachleute zählst und dein Leben nicht als Politiker fristen musst! Ich werde alles tun, dass es auch so bleibt!

Es bleibt die Angst davor, dass eigene Unfähigkeit einmal publik wird. Die Folge sind Überheblichkeit und Arroganz als Schutzschild gegen kritische Argumente, während Begriffsstutzigkeit um sich greift, die jede Aussicht auf Einsicht zunichtemacht. Wen wundert's, dass so viele Leute sich überschätzen, wenn keiner über einen selbstkritischen Lappen verfügt, der ihn eines Besseren belehrt? Da ist es viel bequemer, einfach nichts zu tun und für jeden sichtbare, sich endlos aufhäufende Probleme auszusitzen, und das so lange, bis diese als unüberwindlicher Berg nur noch Angst machen. Angst aber ist der schlechteste Ratgeber von allen. Die Folge sind dann undurchdachte Entscheidungen und vermeidbarer Dilettantismus – vorher aber noch der hilflose Griff zur Ideologie als einzigem Halt und letzter Rettung. Ist das wirklich Gerechtigkeit und Humanität oder doch Lug und Trug? Es sind ja das System *Demokratie* und nebenbei der Wähler, der ja selbst an dem schweren Los seiner genauso althergebrachten gehirnlichen Entwicklung leidet: Er denkt nicht, er lässt denken, überlässt das lästige Denken den Führenden, mit allen Risiken. Aber was solls: Faulheit siegt immer, besonders die geistige.

Denken ist vermeidbarer Energieaufwand, sich berieseln, begruseln und bespaßen zu lassen hingegen reinster Zucker für die Seele. Nach Belohnung aus zweiter Hand kann man richtig süchtig werden und nebenbei viele Stunden am Tag damit verbringen, sich zu *informieren*. Dann ist auch Zeit genug, sich ausführlich dem Genuss von Chips und Erdnüssen zu widmen. Wie schön und bequem, sich die Infos als Grundlage seiner täglichen Entscheidungen nicht mühsam beschaffen und mental aufwendig auf Logik und Plausibilität prüfen zu müssen: Man übernimmt einfach die fett gedruckten Überschriften, die Beiträge aus Funk, Fernsehen und weiteren Medien und will gar nicht daran denken, dass man da womöglich nur eine gefilterte Version der Realität zu sehen bekommt: Der mental linksgerichtete Journalist wird die Realität nach linker Ideologie verfremden und linke Verirrungen und Fehlleistungen herunterspielen, der rechtsgerichtete in gleicher Weise seine persönliche Sicht in die Nachricht einarbeiten, hier beschönigen, dort verleugnen. Wird das überhaupt bewusst oder lieber verdrängt? Oder bleibt es bei dem kleinen, unbewussten Bauchgrimmen?

Mein höchst subjektiver *Photoshop für die Realität* lässt sich gar nicht vermeiden. Nicht nur du, mein Mensch, greifst auf die großen Nachrichtendienste zu, die ihrerseits die Realität bereits vorfiltern könnten, wenn sie dies wollten oder es ihnen vorteilhaft erschiene, von weltpolitischen Absichten und Strömungen ganz zu schweigen. Wie wichtig ist es, zu wissen, dass in Pakistan wieder mal ein Bus in eine Schlucht gestürzt ist. Der wohlige Gedanke dabei: Bei uns hier gibt es keine so tiefen Schluchten und unsere Busse können daher so tief gar nicht abstürzen. Die verheerenden Buschbrände in Australien? Schlimm, aber zum Glück haben wir hier nicht so viele trockene Büsche. Überschwemmungen? Weiter oben ist man ja weniger betroffen, die armen Leute da unten …

Wie soll man sich überhaupt einigermaßen realistische und sinnvolle Informationen beschaffen? Man hat das gleiche Problem wie mit den Studien zu Cholesterin, Klimawandel oder *Corona*: Selbst wenn man sich den lieben langen Tag informiert, die Vielfalt allgemeiner oder auch spezieller Medien im In- und Ausland via Internet systematisch abgrast: Die einen sagen so, die anderen so und man geht kläglich im ausufernden Sumpf der trotz aller Wissenschaft divergierenden Meinungen unter. Schließlich nimmt man nur noch das wahr, was man ohnehin schon immer gedacht hat, und macht das, was man bereits vor der Informationsflut machen wollte. Das flache Abgrasen ohne Tiefgang und ohne Erarbeiten eines auf Fakten beruhenden eigenen Standpunkts bringt nicht weiter.

Um realistische Informationen, also Fakten zu beschaffen, bleibt nur übrig, Energie zu investieren, den Verstand in Gang zu setzen und für sich selbst größere Zusammenhänge zu erschließen – unabhängig von Medien und Schreiberlingen, die höchstens das Rohmaterial oder Anregungen liefern können.

Viele fallen dem Irrtum anheim, es sei das Wissen selbst, das gute Entscheidungen begünstige. Ginge es nur um Wissen allein, wären *Google, Siri, Cortana, Alexa* und wie sie alle heißen sicherlich allen weit überlegen und jegliche Probleme könnten zeitnah und bestens gelöst werden. Aber es ist wie mit einem Puzzle: Zusammenhangloses Wissen als Stückwerk ergibt noch lange kein Gesamtbild, denn nicht das Wissen allein ist der Schlüssel zu neuen Einsichten und weiteren Entwicklungsschritten, sondern das Verstehen von Zusammenhängen und deren Bedeutung. Diese Bemühungen finden jedoch auf höheren Denkebenen statt und verbrauchen daher unmäßig viel seelische Energie. Für den *normalen* Menschen, also den Durchschnittstyp, ist das zu aufwendig. Es muss auch weniger energieintensive Wege geben. Ein Beispiel:

Das Töchterchen des Nachbarn hat wieder eine Eins in Physik nach Hause gebracht. Der Vater, selbst Physiker, ist stolz auf seine Tochter, mit der Anmutung einer gelungenen Weitergabe einschlägiger Gene. Sie aber meint: »Aber nein, Paps, ich habe lediglich einen sechsten Sinn, für welche Aufgabe ich welche Formel verwenden muss. Von dem ganzen Zeug verstehe ich nicht das Geringste.«

Mit Dingen umzugehen, ohne etwas davon zu verstehen, ist eigentlich der Normalfall. Warum verstehen? Es reicht doch, zu wissen, wie man damit umgeht? Solange alles wie gewohnt läuft, ist das auch kein Problem. Aber wenn plötzlich etwas nicht funktioniert, etwas Neues auftritt? Etwas Unerwartetes oder gar Kritisches? Dann sitzt man da und ist auf *Fachleute* angewiesen – in der heutigen sehr spezialisierten Zeit ein wenig transparentes Risiko. Und wenn ich etwas verbessern oder weiterentwickeln will? Etwa ganz ohne Fachkenntnisse?

Da drängt sich doch die Frage auf: Wären vielleicht Wissenschaftler oder Fachleute die besseren Politiker? Fraglich, da auch unter Wissenschaftlern bei etwas komplexeren Fragestellungen wie z. B. Klimawandel oder Corona keine auf breitem Sockel ruhende eindeutige Sicht der Dinge auszumachen ist. Es wird eine erhebliche Streubreite auch in der wissenschaftlichen Einschätzung praktischer und vielschichtiger Probleme geben, daher wird ein nachgeschaltetes politisches Entscheidungsgremium auf jeden Fall vonnöten sein. Fraglich ist auch, ob Wissenschaftler und Fachleute, die gewohnt sind, ihre Arbeit vorrangig auf Fakten zu stützen, mit einer politischen Ebene zurechtkämen, auf der Mehrheiten, Machtverhältnisse, vielleicht auch Stress, Unvernunft und Intrigen eine nicht geringe Rolle spielen.

Ich bin ja nur ein einfacher Algorithmus, aber wäre vielleicht folgende Konstellation eine hoffnungsvolle Lösung? Parallel zum politischen Parlament eine Art wissenschaftliches Parlament, bestückt mit allseits und international anerkannten Fachleuten. Das wissenschaftliche Gremium erarbeitet aufgrund der Faktenlage Lösungsvorschläge, die dann in Regierung und Parlament politisch bewertet und umgesetzt werden, in ähnlicher Weise, wie es in der *Corona*-Krise in der Zusammenarbeit von Regierung und *Robert-Koch-Institut* sowie weiteren Instituten in kleinerem Rahmen stattgefunden hat. Allerdings genügt es nicht, einzelne wissenschaftliche Institutionen oder Institute heranzuziehen, es müsste schon ein größeres, politisch unabhängiges, wissenschaftlich alle Aspekte abdeckendes, in seiner Meinungsbildung streng lösungsorientiertes Gremium auf fester finanzieller Grundlage sein. Ein solches könnte weit mehr leisten als einzelne Berater, deren Bestellung nicht unerheblich davon abhängig sein wird, ob sie kommode und nicht etwa kritische Beiträge zur Regierungsarbeit liefern. Zu speziellen Aufgabenstellungen werden, wie auf politischer Ebene auch, Fachausschüsse aus dem Gremium gebildet.

Auch in der *Corona*-Krise wäre es hilfreich gewesen, gleich zu Beginn nicht nur Virologen, sondern besser ein wissenschaftliches Gremium, auch mit Epidemiologen und Fachleuten für die Ausbreitung von Aerosolen heranzuziehen. Infektion als Prozess der Virus-Übertragung vom hustenden Emittenten über dessen Tröpfchenwolke bis hin zum Infizierten mit der Aufgabe, diese Infektionskette durch intelligente Maßnahmen wie den Einsatz von Selbst- und Fremdschutzmasken, Abstandsgebote oder Lüftungsempfehlungen für Innenräume zu unterbrechen oder weitestmöglich zu schwächen.

Für die politische Ebene äußerst gewöhnungsbedürftig dürfte die empfehlenswerte Regelung sein, die fachlich erarbeiteten, möglichst realitätsnahen Ergebnisse vorweg zu veröffentlichen, damit der Bürger und Wähler nachvollziehen könnte, was die Politik aus den fachlichen Empfehlungen macht. Sätze wie: *Das dürfen wir dem Bürger nicht sagen, das würde ihn nur beunruhigen*, wären dann Geschichte. Insofern würde nun ein wissenschaftliches Gremium als weitere Kontrollinstanz neben Justiz und Medien dem politischen Parlament zur Seite gestellt.

Dieses *Fach-Parlament* hätte neben seiner faktenbezogenen Tätigkeit ein weiteres Feld zu bestellen, auf welche Weise denn die wissenschaftlichen Ergebnisse den politischen Gremien nahegebracht werden sollen. Denn eine weitere gehirnliche Schwachstelle macht sich bei sinkendem seelischem Pegel unangenehm bemerkbar: die Unfähigkeit, Dinge zu relativieren, sie in ein Verhältnis zueinander zu setzen. Unsere Kohlekraftwerke klimahalber vorzeitig stilllegen, während andere Länder neue bauen? Einer Empfehlung folgen, wo man selbst doch alles besser weiß? Nur ein wacher, ideologisch unbelasteter Verstand ist in der Lage, Abläufe zu verstehen und sie in einen übergreifenden Zusammenhang zu bringen:

In einem Anfall besonderer Umweltfreundlichkeit regt sich eine Bekannte über Wattestäbchen auf. Dieses üble Plastikzeug könne man doch verbieten, dann wären die Weltmeere sauberer. Wirklich? Auch wenn weiterhin Hunderttausende Tonnen Plastikmüll in Entwicklungsländer exportiert werden, von denen ein erheblicher Teil im Meer landet?

Dieser Irrsinn mit dem Einwickelpapier! Man könnte das Fleisch doch gleich in eine Tupperdose packen. Im Prinzip ja! Aber Kunststoffe haben keine dichte Oberfläche, da kann alles Mögliche eindringen und es ist nur unter erheblichem Aufwand wieder einigermaßen sauber zu kriegen. Auf Dauer ist das nicht wirklich hygienisch. Glas wäre die bessere Wahl, aber da haben wir wieder das hohe Gewicht und die Bruchgefahr. Die Verkäuferin legt außerdem bereits beim Abwiegen vermutlich genau das Einwickelpapier drunter, das eingespart werden soll. Und die Spülmaschine verlangt für die Reinigung des Glasbehälters nach Wasser und Energie ...

Abläufe verstehen und quantitativ bewerten. – Ohne die Dinge in größerem Zusammenhang zu Ende zu denken, landet man leicht in einer Sackgasse.

Pegel der seelischen Energie

Wie paradox, wenn ich als dein Algorithmus mich dazu hergeben soll, mich selbst zu erklären und was in meinem Königreich ein *Pegel an seelischer Energie* ist. Andererseits kenne ich mich ja selbst am besten. Aber ist das wirklich eine gute Idee? Soll ich tatsächlich versuchen, Glücksgefühle, Ausgeglichenheit, Stress, Melancholie, Depression und was der Dinge mehr sind, mental unter einen, nun ja, eigentlich *meinen* Hut zu bringen?

Das wird jetzt etwas peinlich, denn ich sage meinem ausführenden Teil, meinem Träger da oben, also dir, natürlich längst nicht alles, was da so läuft, mache dir nur wenig bewusst, eigentlich fast nichts und höchstens einen Bruchteil dessen, was in mir vorgeht. Die restlichen 99,9 Prozent behalte ich lieber für mich, ich will dich ja nicht unnötig beunruhigen. Routineangelegenheiten des Organismus sind sowieso ohne Belang für dich, außer es gibt da ein ernsteres Problem, das seelisch oder körperlich richtig wehtut. Ich lasse dir normalerweise eigentlich nur so viel ins Bewusstsein dringen, wie du seelisch auch verkraften kannst. Ja, es stimmt: Ich modifiziere, verfälsche und manipuliere deine Realitätsempfindung – aber doch nur zu deinem Besten!

Sieh es doch ein: Wenn du total down bist und keine Energie für gar nichts mehr aufbringen kannst, soll ich dich dann auch noch mit unschönen Realitäten konfrontieren? Mit handfesten Anforderungen? Das Denken ist dir gerade auf Mausgröße geschrumpft, du hast keinen Überblick mehr, bist mit Kleinigkeiten bereits überfordert, hast nichts mehr zu investieren und kämpfst ums seelische Überleben – ist es da nicht sogar meine erste Algorithmen-Pflicht, die unschönen Seiten der Realität von dir fernzuhalten? Sie zumindest erst weichzuspülen? Und wenn das nicht reicht, dir sogar Scheinrealitäten vorzugaukeln, die deine kleine verdunkelte Welt wieder erhellen und erträglicher aussehen lassen? Projektionen, die gar nichts mehr mit der objektiven Realität zu tun haben? In meinem Fundus habe ich dazu viele lebensechte Vorstellungen von heilen Welten, von Männern und Frauen, die die Welt retten oder sich in schmachtenden Liebesgeschichten verlieren. Noch viel mehr als *Netflix* und Co zusammen, noch viel schräger, aber absolut rührend und tränensicher. – Sogar absolut lebensechte Vorspiegelungen von Gott! – Oh-oh, fast hätte ich mich verplappert. Von Gott ist erst später die Rede.

Siehst du! Und wenn du gut drauf bist, kann ich mir doch eher leisten, dir die Präsentation der Wirklichkeit etwas realitätsnäher zu gestalten. – Noch lange nicht im Original, aber immerhin ein bisschen näher dran. Okay? Denk immer daran: Ich habe für meine Aktionen nur das Kontingent an seelischer Energie zur Verfügung, das du durch deine Erfolge verdient hast, und das kann ich nur einmal ausgeben. Bereits einen Zweifrontenkrieg oder gar mit mehreren Problemen gleichzeitig konfrontiert zu sein kann ich mir im seelischen Mangel eigentlich nicht leisten. Ich muss Prioritäten setzen.

So viel kann ich dir sagen: Zwischen deinem seelischen Pegel, deinem Lebensgefühl und deiner Leistungsfähigkeit besteht ein direkter Zusammenhang – mit großen Schwankungen von Mensch zu Mensch versteht sich. Ich als dein persönlicher Algorithmus bin im Auftrag der Natur verpflichtet, dir zu signalisieren, wo du bezüglich deines seelischen Kontos stehst, das ist doch bloß fair. Einen hohen seelischen Kontostand zeige ich dir mit Wohlgefühl, großer Leistungsfähigkeit und einem hohen Selbstwertgefühl an, als Lohn für deinen Erfolg. Wer so viel leistet wie du, dem billigt die Natur einen hohen Wert zu, den ich dir als gefühlten Selbstwert weitergebe.

Schlechte Gefühle, gebremste Leistungsfähigkeit und ein geschrumpftes Selbstwertgefühl lasse ich dich spüren, wenn du es nicht bringst und dein seelisches Konto leerlaufen lässt. Leider muss ich dir dann im Auftrag der Natur fühlbar beibringen, dass du dich auf der Verliererstraße befindest und dich anstrengen musst.

Woran kannst du nun selbst erkennen, wo du seelisch stehst? Ich erkläre es dir:

Ausgeglichenheit

Also gut, du liegst wieder einmal entspannt in deinem Liegestuhl. Was? Nicht schon wieder dieser langweilige Liegestuhl? Da schläft man ja schon beim ersten Anblick ein? Warum auch nicht … im ganz entspannten Hier und Jetzt, wofür dieser Liegestuhl ja steht, drängt dich einfach nichts; kein Problem, keine Sorge, nicht einmal Hunger oder Durst. Auch kein störender Algorithmus in der Nähe, der sich zwangsläufig beunruhigend einmischen würde. – Aber du könntest jederzeit, wenn du nur wolltest: Alle Systeme sind geladen und gesichert, du strotzt vor Selbstwertgefühl, hast Vergangenheit und Gegenwart im Griff, neben dem Chillen ein bisschen in die Zukunft hinein herum zu spinnen ergibt sich einfach so …

Tja, wenn so gar nichts anliegt, treibe ich mich eben gern in der Bibliothek deiner Erfahrungen herum. *The Wall* von *Pink Floyd*? Oder lieber *Reflektor* von *Arcade-Fire*? Schöne Musik, spricht mich an, spiele ich extra für dich ab, damit du ein bisschen Unterhaltung im Kopf hast und ich selbst in Übung bleibe. Übertriebenes Nichtstun ist doch reichlich öde. Du kriegst *Pink Floyd* nicht mehr aus dem Kopf? Mir gefällt's eben und ein bisschen neuronale Party muss sein, damit keiner hier auf die Idee kommt, wegen Untätigkeit hier oben ein paar Neurone wegzurationalisieren.

Sei doch mal ein bisschen dankbar: Kein Stress, null Adrenalin im Blut, alle Neuronen und Synapsen auf Standardbetrieb und Standby, Erinnerungen abzurufen ist kein Problem, alles von Kindheit bis heute sauber verarbeitet und im richtigen Fach verstaut. Ein ideal geordneter Zustand, richtig deutsch, meine ich, fehlt eben nur noch ein Marschbefehl.

In Aktion

So ganz ohne sinnhafte *Action* wird es dir langsam langweilig? Na gut, bitte sehr: Hier bist du an deinem Arbeitsplatz, hast deine Kollegen um dich und die Chose läuft wie Butter; eine ausgesprochen schöne Seelenlage mit großem Energieangebot und sattem Selbstwertgefühl. Damit du überhaupt etwas leisten kannst, habe ich dir einen klitzekleinen Schuss Adrenalin in den Kreislauf geträufelt, wirklich nur so zum Vergnügen. Sofort spürst du die Energie, um der Herausforderung mit deinem sicherlich hoch intelligenten Stirnlappen eben diese fähige Stirn zu bieten. Andere Algorithmen nennen das *Eustress*.

Ich könnte dir noch mehr von dem Adrenalin-Zeug in die Adern tröpfeln, doch bedenke deine persönliche Belastungsgrenze. Zwar sei es dir erlaubt, diese auch mal heftig zu prüfen, schließlich bin ich kein Weichei, aber auf Dauer mache ich das nicht mit. Kein Bock auf Materialschlachten, das endet bloß im Burn-out. Aber solange du im Rahmen bleibst und mir, deinem persönlichen Algorithmus, nichts Widerwärtiges oder total Bescheuertes zumutest, darfst du auch mal über die Stränge schlagen, dich da und dort austoben und fragliche Risiken eingehen, wie damals bei deiner Studentenfete, als du dich nach dieser doofen Wette mit besoffenem

Kopf aus einem Fenster im zweiten Stock des Studentinnenwohnheims an Bettlaken abgeseilt hast, der originelle Klassiker. Gut gemacht! Hauptsache die Aktion hat, falls du dich überhaupt daran erinnern kannst, deinen seelischen Pegel ordentlich hoch geputscht. War das ein Jubelschrei, als du unten sachte aufgedotzt bist. Allerdings haben dich dann alle gesehen, wie du eher weggekrochen denn weggegangen bist …

Ich bin ja so zufrieden mit dir, denn du hast mir damit dicke seelische Reserven, eine unerschütterliche Resilienz und genug Motivation für weitere, hoffentlich wieder erfolgreiche Aktionen verschafft. Ein bisschen Rumspinnen ist auch für mich ein Genuss. Im Übrigen brauchen auch Emotionen viel Energie. Sogar wenn es nur um einen Film geht, der dich innerlich tief bewegt hat, bist du hinterher fix und fertig. Von nichts kommt halt nichts! Genieße diesen leichten seelischen Mangel einfach, der dir Energie und Wohlergehen schenkt.

Akuter Mangel

Im wahren Leben läuft nicht immer alles so kommod. Unversehens flutscht meine Arbeit als dein Algorithmus nicht mehr so geschmeidig. Die Aufgaben fordern mir mehr ab als ich gerade Pfeile im Köcher habe. Dabei sind es nicht die Inhalte selbst, mit denen würde ich wohl fertig werden. Nein, ich werde einfach zugestopft mit Massen an Infos, die meisten unwichtig oder überflüssig, aber wer weiß das schon im Voraus?

Was mich besonders fuchsig macht: Unter der deftigen Anspannung geistern mir zu viel Stresshormone im Blut herum, irritieren meine Synapsen und stören meine Erinnerung. Mein Gedächtnis kriegt Löcher wie ein Schweizer Käse. Wie soll ich mich da konzentrieren? Was soll ich tun? Was zuerst? Viel zu viel wurde schon auf die lange Bank geschoben, aber wenn es nur das wäre …

Unwillig geworden verschaffe ich dir, als *meinem* Menschen, lästige Gefühle: angespannt, gereizt, unmotiviert und verdammt fahrig. Jede Kleinigkeit obendrauf kratzt dich noch mehr an. Dein sozialer Umgang leidet, du bist reichlich muffelig und leicht angeätzt zu den Kollegen, nicht mehr wirklich sozial gestimmt. Alles und jeder nervt dich.

Mit dem seelischen Pegel lasse ich auch dein *Selbstwertgefühl* in den Keller gehen. Und warum? Dein niedriger Pegel ist doch das beste Zeichen dafür, dass du es im Moment nicht bringst, nicht genügend Erfolge erwirtschaften kannst und in den Augen der Natur, die mit hohem Aufwand in dich investiert hat, die in dich gesetzten Hoffnungen nicht erfüllst womit dein Wert gesunken ist wie der einer Aktie eines wenig erfolgreichen Unternehmens. Und genau dieses Gefühl, jetzt weniger wert zu sein, gebe ich dir weiter.

In gleichem Maße schränke ich deine Resilienz ein: Ich habe einfach keine seelischen Reserven mehr, die ich bei einer plötzlichen überstarken Belastung, einem schweren Fehler oder einem Schicksalsschlag ins Feld führen könnte.

Mit sinkendem seelischem Pegel setzt schiere Rückentwicklung ein: Die geistige Leistungsfähigkeit macht all die Schritte wieder rückwärts, die sie bisher in ihrer historischen Entwicklung bis heute durchlaufen hat. Die mentale Leistung kann dabei bis zum Kindergartenniveau und noch darunter sinken: *Wenn du mir ein Klötzchen umwirfst, werfe ich dir auch eins um!*

Mit dem Ausfall der höheren geistigen Ebenen geht auch die lebenswichtige Fähigkeit des Relativierens verloren, nämlich die Dinge in ein realistisches Verhältnis zueinander zu stellen und gegeneinander abzuwägen. Es können keine Prioritäten mehr gesetzt werden, die Vernunft weicht und das bisschen Restenergie reicht höchstens noch für die Einbildung, als Gutmensch mit dem Verzicht auf Plastiktüten oder Wattestäbchen die Welt retten zu können.

Schwerer Mangel

Immer noch keine seelischen Einkünfte, keine Erfolge, keine Belohnungssubstanz? Nun wird es ernst, ich muss die Notbremse ziehen! Eine Belohnung muss her, koste es, was es wolle! Willst du wirklich, dass ich in diesem untragbaren Energiemangel deine energiefressende geistige Performance nun ganz auf die *Basics* herunterfahre und du mit deiner Mini-Restintelligenz nicht den kleinsten Blumentopf mehr gewinnen kannst, nicht einmal einen ohne Blumen? Die Übersicht ist nun ganz und gar futsch, das langfristige Denken auch, sogar deine sozialen Kompetenzen haben sich verflüchtigt. Verwirrung und Ängste suchen dich heim, dein Selbstwertgefühl ist unterirdisch. Zutiefst bedürftig bist du gezwungen, jeder noch so kleinen Aufwertung durch andere hinterherzuhecheln. Du willst gelobt werden und brauchst ein Kompliment!

Körperlich läufst du dann nur noch auf Notbetrieb: Mit angeschlagenem Immunsystem nimmst du jedes Zipperlein mit, lässt keine Erkältung oder Infektion mehr aus. Selbst deine Bewegungen sind beeinträchtigt. Wenn du älter bist, steigt zusätzlich die Gefahr von Stürzen.

Energiemangel allerorten, deine Gefühlswelt ist gleichermaßen verarmt. Nicht einmal auf deine Sinne kannst du dich noch verlassen. Nichts dringt mehr so richtig zu dir durch, nichts geht mehr wie vorher.

Was ich sagen will: Wenn der seelische Pegelstand bis zu einem kritischen Punkt abgesunken ist, läuft alles nur noch im Notbetrieb und mein System zu deiner seelischen Stabilisierung droht zusammenzubrechen. Zudem zeigt sich deine Performance als so stark reduziert, dass ein Wiederaufstieg aus eigener Kraft nicht mehr wahrscheinlich ist und es ohne tätige Hilfe aus dem Umfeld kaum ein Entrinnen vor der weiteren seelischen Talfahrt mehr gibt.

Nur ungern gestehe ich als dein Algorithmus einen weiteren schweren Fehler in meiner Programmierung ein, indem mit deiner seelischen Talfahrt auch meine Rechenvorgänge immer tiefer zu deinen ältesten Erfahrungen, ja bis zu den Ursprüngen der Evolution hinunterfahren. Schließlich trage ich nicht nur die dünne Schicht des Menschseins in mir, sondern alle Entwicklungsschritte, die zu dieser Entwicklungsstufe geführt haben: Man braucht sich ja nur den Werdegang des Embryos anzusehen, wie er vom Einzeller über ein fischähnliches Wesen mit Kiemen und Schwimmhäuten zwischen den Fingern schließlich zum Menschen wird. In diesen wenigen Wochen bilden sich Millionen Jahre Evolution Schritt für Schritt ab.

Je nach Höhe des seelischen Pegels greife ich als dein Algorithmus auch auf den Fundus tieferer oder sogar sehr tiefer Schichten zurück. Jeder Algorithmus trägt schließlich noch Anteile des Homo erectus und manche sogar solche des Neandertalers in sich. Du musst dich nicht über schwerste Aggressionen wundern, die ich bei grenzwertig niedrigem seelischem Pegel möglicherweise bei dir auslöse. Wenn es um meine Existenz geht, gilt nur noch eines: Nicht kleckern, sondern klotzen, Gewalt und Unmenschlichkeit inklusive.

Depression

Dein seelischer Pegel kann schließlich so weit absinken, dass der *minimale seelische Kontostand* erreicht wird und es nur noch ums schiere seelische und körperliche Überleben geht. Alle Systeme sind dann auf Minimum, können sich eben noch selbst erhalten aber keine Energie mehr für einen Wiederaufstieg liefern. Nicht einmal deine Sensoren können noch ordnungsgemäß arbeiten: Wie in Watte gepackt spürst du dich selbst nicht mehr und alles, was um dich herum ist, nimmst du nur noch schemenhaft wahr.

Dann passiert etwas Unangenehmes: Wird nun dieser naturgegebene minimale seelische Pegel unterschritten, setzt sich in mir, deinem Algorithmus, ein Programm zur Selbstzerstörung in Gang. Du weißt, wie wohlgesonnen ich dir bin, aber gegen diesen strikten Programmteil kann ich nichts machen; der ist massiv gegen Änderungen gesichert. Ich habe keinerlei Zugriff auf den Inhalt. Das ist mir von der Natur eingepflanzt worden und da enden meine Kompetenzen. Es bleibt dann nur noch eines: Schnellstens professionelle Hilfe suchen!

Euphorie

Es gibt auch das krasse Gegenteil zur Depression: die Euphorie, eine echte Überflutung mit Belohnungssubstanzen: der *Flow* beim Klettern in der Wand, der Rausch beim Anblick von Schönheit oder natürlich das höchste aller Gefühle: das Verliebtsein! Für alles, was direkt oder indirekt der Fortpflanzung dient, hat die Natur die höchste Belohnung ausgelobt.

Im seelischen Überfluss geht mein Photoshop eben in die andere Richtung und in der Überschwemmung mit Belohnungssubstanzen erzähle ich dir Geschichten aus *Tausend und einer Nacht*: Alles ist schön, nicht nur die Angebetete, nein, gleich die ganze Welt … Schwebe so lange wie möglich auf Wolke sieben, denn der Traum vergeht wieder von selbst.

Zusammenfassung

Während ein Roboter eine schwere Aufgabe unbeirrt als abzuarbeitenden Prozess ansieht, den er ohne emotionale Regung bestmöglich abwickelt, ist der Mensch mit seiner starken Abhängigkeit aller seiner Lebensäußerungen von seinem aktuellen seelischen Pegel in seiner Performance deutlich beeinträchtigt: Im seelischen Gleichgewicht bei hohem Pegel stehen ihm wie dem Roboter alle seine Fähigkeiten in hoher Qualität zur Verfügung, er denkt umfassend, zieht für sein Verhalten eher aktuelle und positive Erfahrungen heran, berücksichtigt auch die Folgen seines Tuns und handelt konsequent. Er lebt mit guten Gefühlen im Hier und Jetzt mit einem hoffnungsvollen Blick in die Zukunft.

Im seelischen Defizit, bei niedrigem Pegel hingegen, reduziert der Algorithmus, um Energie zu sparen, die Qualität des Denkens und Handelns bis herunter zu den zum Überleben nötigen Basics, lässt Ängste spüren und greift rückwärtsgewandt vermehrt auf frühere, eher negative und angstmachende Erinnerungen zu. Verstand und Vernunft sind heruntergefahren, der Autopilot übernimmt das Verhalten, Prioritäten, Zukunftsgedanken und Konsequenz gehen verloren.

Da der seelische Pegel unablässig schwankt, spielt sich auch das tägliche Leben sehr volatil zwischen diesen beiden Polen ab.

Quellen seelischer Energie

Immer ich! Zum hundertsten Mal *seelische Energie:* Wo herkriegen und nicht stehlen? Dass sich ein Mensch im seelischen Gleichgewicht befindet und für ihn die *Welt rundum in Ordnung* ist, hat die Natur allem Anschein nach höchstens als Ausnahme vorgesehen. Wie das denn? Na ja, er würde sonst wie im Opiumrausch bloß auf der faulen Haut liegen und wäre dann unproduktiv. Um die Entwicklung schnellstmöglich voranzutreiben, sorgt die Natur dafür, dass als *Normalzustand* immer eine mehr oder weniger starke seelische Spannung anliegt, die den Menschen auf Trab hält und nur selten zur Ruhe kommen lässt.

Ich als dein Algorithmus sehe mich gezwungen, dafür zu sorgen, dass der seelische Pegel durch *Erfolge* auf einer angemessenen Höhe gehalten wird und dort auch eine gewisse Stabilität aufweist, auch *Resilienz* genannt.

Es hört sich trivial an, aber zunächst einmal kann körperliche Gesundheit zumindest eine Grundlage für seelische Ausgeglichenheit sein. *Mens sana in corpore sano.* Das heißt aber noch lange nicht, dass man mit einer Behinderung oder Krankheit nicht auch seelisch ausgeglichen und leistungsfähig sein könnte; ein gutes Beispiel dafür ist Stephen Hawking. Allerdings bedarf es dann neben starker Unterstützung von außen einer besonders hohen eigenen Motivation, unterstützt durch eigene Erfolge und Freude am Ergebnis seiner Bemühungen. Bereits eine kleine Infektion, eine nicht ausgeheilte Verletzung oder eine chronische Krankheit verbraucht andauernd Energie und belastet auch das seelische Konto. – *Diese blöden Schmerzen im Rücken machen mich noch verrückt! Und mit einem handfesten Schnupfen bin ich nicht gerade kreativ.*

Kurzum, als dein Algorithmus ist es meine wichtigste Aufgabe, im täglichen Leben jede mögliche Quelle an seelischer Energie zu nutzen, die mir zugänglich ist, zusammengerechnet bestimmt Hunderte oder gar Tausende. Meinem Menschen, also dir mache ich solche Trivialitäten gar nicht erst bewusst, denn so was läuft bei mir unter bloßer Routine und Autopilot.

Erfolg im Beruf, Familie, Kinder, Freunde, gutes Essen, Sport, ein angenehmes Heim, Kultur, Kunst, Medien, Bücher, Konzerte, Museen, Tanzen, was auch immer – bestimmt habe ich einiges vergessen – zählen zu meiner üblichen Spielwiese und tragen alle mehr oder weniger zu meiner seelischen Bilanz bei. Doch neben diesen Routinequellen gibt es auch solche wie z. B. Gottesglauben oder Macht, die vielleicht eine vertiefte Betrachtung verdienen.

Beziehungen

Eine gute primäre Beziehung dürfte die erste und wichtigste Säule im Leben sein. Das meint auch die Natur, weil sie sich viele süße wohlgeratene Kinderchen davon verspricht. Eine Beziehung ist gut, wenn sie *trägt*, seelische Energie erbringt und zu jeder Tages- und Nachtzeit Unterstützung bietet, welche Probleme auch immer auftreten sollten. Wenn es sich um Mann und Frau handelt, fließen dazu enorme Mengen an seelischer Energie, wenn sie körperlich und seelisch zueinander passen, ihre Algorithmen *in Resonanz* sind, sich gut ergänzen und ihnen viel Lust, Freude und Befriedigung miteinander bescheren. Hier kommt Oxytocin als *Kuschelhormon* ins Spiel.

Sicherlich tief im Unbewussten oder noch viel tiefer verankert liegen die Gründe für eine dauerhaft glückliche Liaison. Was sich zwischen Mann und Frau oder anderen Bindungspartnern wirklich abspielt und warum das so ist … wer weiß das schon. Für Bindungen gilt wieder die superbreite Streuung in Art und Verlauf. Sie sind umso stabiler, je mehr seelische Energie sie den Beteiligten einbringen. Es ist kaum nachzuvollziehen und schon gar nicht zu durchschauen, aus welchem Umstand heraus und auf welche Art in Beziehungen seelische Energie fließt – und das nicht nur auf positive Art.

Als *alternative Beziehung* das Beispiel einer paradoxen Konstellation: die klassischen zwei Nachbarn, die im endlosen Clinch miteinander liegen und keine Gelegenheit auslassen, dem anderen zu schaden oder ihn zu piesacken. In Wirklichkeit handelt es sich um eine enge Beziehung, denn wenn plötzlich einer der beiden aufgeben oder gar ableben würde, wäre es eine Katastrophe für den anderen. Die Fehde bedeutet jeden Tag Herausforderung, Adrenalin, Kreativität, Entfesselung elementarer Lebenskräfte und auch mannigfache Belohnung in dem Gefühl, dem anderen eins ausgewischt zu haben. Wenn die beiden ein bisschen pfiffig sind, übertreiben sie es nicht und halten sich trotz Dauerfehde durch angemessenes Verhalten gegenseitig am Leben, denn der Respekt muss in jeder Situation erhalten bleiben.

Auch in der Politik ist das nicht unüblich: Rhetorischer Kampf bis aufs Messer ja, aber bitte so, dass man nach der politischen Show noch ein Bier zusammen trinken gehen kann. – Es ist kaum zu glauben, aber auch eine respektvolle Streitkultur bringt allen Beteiligten seelische Energie.

Freunde

Die nächste Säule sind gute Freunde, mit denen man Sport treiben, kochen, feiern, über Gott und die Welt diskutieren oder sich auf andere Weise austauschen kann. Hier sind aber ausdrücklich nicht die paar Hundert *digitalen* Freunde gemeint, die offline sind, wenn man sie braucht, was aber auch niemand ernsthaft erwartet. Es geht hier vielmehr um echte Freunde, die füreinander da sind, wenn Not am Mann ist.

Sich in ein Netzwerk von Freunden eingebunden zu fühlen, bringt eine Menge Sicherheit und damit seelische Energie, es ist eine Art Lebensversicherung für den seelischen Pegel. Bei kritischen seelischen Einbrüchen treten die Freunde auf den Plan, um den Strauchelnden durch tätige Hilfe aufzufangen und seinen seelischen Pegel über dem *Point of no Return* zu halten.

Arbeitsplatz

Die dritte Säule ist die Grundlage der Existenz: eine Arbeit, selbstständig oder angestellt, die idealerweise das eigene Interessen- und Leistungsprofil möglichst gut trifft. All seine Stärken kann man hier einsetzen, ist motiviert und engagiert sich gern. Gute soziale Fähigkeiten führen zu einer wohlwollenden, fast familiären Zusammenarbeit mit den Mitstreitern. Fachlicher Erfolg und soziale Einbindung zusammen ergeben einen Idealzustand mit einem optimalen seelischen Ertrag.

Neben dem Verdienst geht es um Sinnhaftigkeit und gegenseitige Unterstützung, denn Überlastungen und Fehler werden zwangsläufig auftreten. Wie schön, sich dann auf seine Kollegen verlassen zu können. Ein guter Vorgesetzter unterstützt seine Untergebenen, räumt ihnen Hindernisse aus dem Weg, gibt ihnen Spielraum und bietet im Krisenfall Rückendeckung. Dazu gehören Lob als Belohnung auf der einen, sachliche Besprechung von Problemen und Fehlern auf der anderen Seite sowie das Vermeiden von emotionalen Ausbrüchen und nicht abgestimmten Hau-Ruck-Entscheidungen.

Bewegung

Auch Bewegung hebt den seelischen Pegel, und zwar nicht zu knapp. Die Muskeln freuen sich, wenn sie in Anspruch genommen werden und ihren Nutzen nachweisen können, die steuernden neuronalen Netze im Gehirn ebenso. Da lasse ich gleich jede Menge seelischer Energie rüberwachsen.

Bewegung ist ein unverzichtbares Lebenselixier, eine weitere tragende Säule deiner Seele und gesunde Quelle seelischer Energie. Der Mensch ist ein Bewegungswesen! Immer nur rumsitzen und in die gleiche Richtung auf Computer oder Handy gucken, ist unnatürlich und schädlich. Dann beschweren sich Muskeln, Gelenke und Knochen. – Also mach was! Das tut Körper und Seele gleichermaßen gut. Am meisten Belohnung gibt es übrigens, wenn man die Bewegung mit etwas verbindet, das auch noch einen tieferen Sinn hat, Holz spalten z. B., Rasen mähen, Einkaufen, Freunde besuchen oder so.

Glaube

Der Glaube an Gott, an Propheten, an Mächtige, an Kristalle, an Energien aus dem Weltraum, an Maskottchen, an was auch immer ist weit verbreitet, denn es ist ein besonders tief eingepflanzter Programmteil in mir, mit dem Ziel, bei überraschend auftretenden seelischen Einbrüchen jederzeit, schnell und unmittelbar Unterstützung zu bieten und dadurch seelische Energie zufließen zu lassen.

Mal angenommen, es wird wirklich ernst und es kommt zu erfolglosen Anstrengungen und Schicksalsschlägen, die den seelischen Energiepegel dramatisch sinken lassen; in gleichem Maße wachsende Ängste, das Selbstwertgefühl schwindet, Orientierung und Überblick gehen verloren. Was geht in so einer Situation mit mir als deinem Algorithmus vor?

Wie soll ich dir denn beibringen, dass es so nicht weitergehen kann? Es dir etwa bewusst machen? Dein gehirnlicher Vorderlappen ist doch aus Energiemangel nur noch Staffage. Es bleibt mir nur, dich als Strafe für fortgesetzten Misserfolg auf körperlich-seelischer Ebene Unbehagen, Missempfindungen und Ängste spüren zu lassen und dir damit klarzumachen, dass du auf der Verliererstraße bist und dich aufrappeln musst. Ich kann dich das nur *fühlen* lassen, mit stillgelegtem Lappen sehe ich keinen Weg, dir das *bewusst* zu machen.

Auf keinen Fall jedoch darf ich deinen seelischen Pegel unter den *Point of no Return* fallen lassen, an dem die Selbstzerstörung einsetzt. Nun habe ich aber bereits alle Möglichkeiten ausgeschöpft, alle mir zugänglichen Quellen an seelischer Energie in Anspruch genommen, habe dir die Realität bis zum geht nicht mehr geschönt, aber mehr Photoshop geht einfach nicht. – Wirklich? Warum denn nicht ganz auf die schnöde Realität verzichten, aus der du nicht genügend seelische Energie schöpfen kannst? Ich könnte dir doch aus den Tiefen meiner neuronalen Netze eine helfende Illusion erschaffen, einen Gott z. B., der dir in der Not beisteht, dich tröstet, dich unterstützt? Die Illusion, mit Gott verbunden zu sein, schenkt dir dann seelische Energie, gibt dir Kraft und füllt dein darniederliegendes Seelenkonto wieder auf – und zwar jedes Mal, wenn du an ihn denkst oder ihn zu Hilfe rufst. *Alles wird gut* lautet die schlichte aber wirkungsvolle Botschaft. Und wie du das merkst! Ein wohliges Gefühl umfängt dich, endlich so etwas wie einen gütigen Vater zu haben, unter dessen Fittiche du schlüpfen und dich wie ein Kind geborgen fühlen kannst. Deine Ängste lösen sich auf und neue Hoffnung auf einen guten Ausgang durchströmt deine darniederliegende Seele.

Das alles offenbare ich dir natürlich ganz im Vertrauen, hinter vorgehaltener Synapse sozusagen. Ich will ja nicht riskieren, die Gefühle derer zu verletzen, die mein hilfreiches Konstrukt für bare Münze nehmen und nun meinen, Gott auf einer Wolke, im Weltraum oder sonst wo dingfest machen zu müssen. Gott ist und bleibt eine ganz persönliche Illusion. Ich muss es wissen, denn ich habe sie geschaffen, sie ist ein Instrument aus meinem Werkzeugkasten und so alt wie ich selbst. Noch nie in meiner Entwicklungsgeschichte konnten Menschen ohne die Hilfe von Illusionen seelisch bestehen.

Ich wollte es lange nicht wahrhaben: Die Vorstellung einer helfenden Hand ist nicht nur im Extremfall, sondern dauernd im täglichen Leben nötig und hilfreich, denn der seelische Pegel stellt sich als äußerst volatil mit großen momentanen Schwankungen nach oben und unten dar. Wenn ich bei hohem Pegel locker und luftig unterwegs bin, führt mein Weg eher durch gute Erfahrungen, ich empfinde den damaligen Erfolg nach und schöpfe daraus noch einmal seelische Energie. Aber an einem schlechten Tag, seelisch nicht so gut drauf, werde ich in die Vergangenheit zurückgeworfen, in der meine Rechenvorgänge durch eher nicht so gute Erlebnisse in meinem Gedächtnis laufen. Ich erinnere mich an erlittene seelische Verluste, was meinen Pegel noch mehr und vielleicht sogar kritisch absinken lässt. Blitzschnell muss ich dann die Karte *Unterstützung* ziehen. Da ist es sehr von Nutzen, dass ich die hilfreiche Vorstellung *Gott* stets bei mir trage und sie schnell und zuverlässig in die Schlacht werfen kann, wann immer es für mich kritisch wird. Selbst enge Bezugspersonen oder Freunde können das in dieser Direktheit und Schnelle nicht leisten, die sind eher für mittelfristige seelische Einbrüche zuständig, oft gerade nicht erreichbar oder im entscheidenden Moment vielleicht selbst nicht gut drauf oder anderweitig in Anspruch genommen. Meine Aufgabe aber ist es, meinen Träger zu jeder Zeit seelisch oben zu halten, *so wahr mir Gott helfe.*

Gottesglauben kann aber auch mehr sein als eine seelische Stütze. In einer Gemeinschaft von Gläubigen können durch die entstehende gegenseitige Verstärkung solch gewaltige seelische Energiemengen zuströmen, dass diese geradewegs in eine euphorische Verzückung führen, die mit diesen Hochgefühlen jede Realität und allen irdischen Frust hinter sich lassen. Allerdings kann eine solche Euphorie wesentlich dadurch getrübt und der seelische Ertrag erheblich gemindert werden, wenn einer daherkommt und konstatiert, das sei alles nur Einbildung oder ein anderer Glaube sei der bessere. Um sein seelisches Einkommen aus *seinem* Glauben und *seiner* Glaubensgemeinschaft zu verteidigen, wäre es doch nichts als Notwehr, einen solchen Frevler bis aufs Blut zu bekämpfen …

Aber da war noch etwas, sozusagen eine Grundströmung beim Gottesglauben, der wohl aus meiner kapitalistischen Natur herrührt: Wer mich beschützt, mir seelische Energie schenkt, dem muss ich doch zum Ausgleich auch etwas zuwenden, wo doch eine Hand stets die andere wäscht? Und wie mache ich das? Ich könnte meiner Gottes-Fiktion Opfer bringen, z. B. durch materielle Opfergaben, oder mich dadurch erkenntlich zeigen, dass ich mich selbst einschränke und auf einen Teil meiner seelischen Einkünfte verzichte. Wenn ich beispielsweise die zehn Gebote einhalte, wird Gott mir sicherlich weiterhin gut gesonnen sein. So weit, so gut. Wäre da nicht meine kapitalistische Denkweise, die sich im seelischen Mangel und fehlender Energiereserven halber immer stärker durchsetzt. Mich als dein Algorithmus kann das leicht dazu verführen, diese als Not-Werkzeug gedachte Vorspiegelung *Gott* in ihrer Anwendung zu übertreiben, nach dem Motto: Wenn ich mich schon dermaßen einschränke und so große Opfer bringe, habe ich dann nicht sogar ein <u>Recht</u> auf Gottes Hilfe? Oder wenn ich meine Vorstellung von Gott gegen Ungläubige verteidige und meinem Gott zu mehr Einfluss verhelfe, dann muss das doch für mich zählen! Eine ursprünglich lediglich seelisch stützende Fiktion *Gott* materialisiert sich im seelischen Mangel schnell zu einer Art übermenschlichem Handelspartner, an den man glaubt, Ansprüche stellen zu können.

Statt die Basis unserer seelischen Energiegewinnung auszuweiten, neigen wir Algorithmen im seelischen Mangel dazu, uns selbst und damit unsere seelischen Quellen nach Art einer Geisteskrankheit immer weiter einzuschränken, mit dem Anspruch, Gottes Hilfe für das dringliche Anheben des seelischen Pegels erzwingen zu können. Solch widersinniges Verzweiflungsverhalten bildet den Übergang zur Selbstzerstörung. Ich selbst schätze dies als eine meiner schlimmsten Fehlprogrammierungen ein.

Götzendienst

Da äußerst ursprünglich und tief eingeprägt, erscheint es mir als deinem Algorithmus nicht so wichtig, woran du im Einzelnen glaubst. Die einen der *Suchenden* bevorzugen eher echte Menschen mit dem Vorteil, mit diesen von Angesicht zu Angesicht interagieren zu können, andere wiederum messen irgendwelchen Objekten oder selbsterdachten Konstrukten magische Kräfte zu. Wichtig ist nur, dass dein Glaube, woran auch immer, im Fall der Fälle schnell seelische Energie einbringt.

Meine Fähigkeit, im Notfall jedwede hilfreiche Illusion erzeugen um dich seelisch stabilisieren zu können, ist sicherlich so alt wie ich selbst. Ehrlich gesagt kann ich mir eine erfolgreiche Tätigkeit ohne die Hilfe von Illusionen gar nicht mehr vorstellen. Nicht nur ein allmächtiger Gott, eine Vielzahl von Göttern oder auch beliebige Fabelwesen können eine solche Illusion verkörpern. Im täglichen

Leben werden besonders charismatische Menschen aus Fleisch und Blut die Hauptrolle spielen.

Als Beispiel sei hier *Bhagwan* genannt, der in den 70er- und 80er-Jahren vor allem in Poona, Indien, einen *Ashram,* ein Meditationszentrum betrieb, in dem sich desillusionierte Menschen und seelisch ins Wanken Geratene aus dem Westen einfanden und von Bhagwan echte Antworten auf ihre Selbstzweifel erwarteten,[15] Menschen mit niedrigem seelischem Pegel, daher weithin funktionslosem Stirnlappen und angeschlagenem Selbstwertgefühl, denen die Orientierung im Leben irgendwie abhandengekommen war. Nun hätte ich als hoffnungsvoller Algorithmus erwartet, dass Bhagwan es anstrebt, den seelischen Pegel seiner Klientel anzuheben, um deren Verstand und Orientierung wieder zum Laufen zu bringen, aber was tat dieser äußerst geschäftstüchtige Unhold? Genau das Gegenteil: *Schuhe und Verstand bitte draußen lassen* stand auf dem Schild am Eingang zur *Lecture Hall,* dem Versammlungsraum für seine Vorträge und Fragestunden. In diesen Sessions wurden dann philosophische und emotional tief berührende Sprüche, oft von keinerlei wesentlichem Inhalt getrübt, endlos wiederholt. *Oft gesagt, wird irgendwann geglaubt und schließlich für wahr gehalten* ist ebenfalls eine meiner kleinen Schwächen im seelischen Mangel, nämlich immer nur das herauszuhören, was ich mir grade wünsche. *Befreiung* stand auf der Fahne des Ashrams, also das zu enge Korsett des bisher Erlaubten sollte aufgeschnürt werden. Mehr Luft und endlich etwas tun dürfen, das so lange schon ersehnt, verwehrt oder verboten war. Hört sich zunächst gut an, aber freie Liebe, freier Sex, soll das alles sein? Der Ashram: Vergnügungspark, Irrenhaus, Freudenhaus und Tempel zugleich? Wo bleibt das *freie Denken*? Das suchte man vergebens, denken und Entscheiden nahm einem nämlich der Guru ab. Und das kam den Suchenden sehr gelegen, weil ihnen in ihrem seelischen Mangel die Fähigkeit zum eigenen Denken weithin abhandengekommen war. Sie konnten es nicht mehr, er aber schon und er machte sich über den defizitären Zustand seiner Anhänger auch noch lustig:

In einer Session lautete die Frage einer Sinn-Suchenden: »Ich bin mit meinem Freund hier neu im Ashram. Da ist mir ein sexy Typ über den Weg gelaufen, mit dem würde ich am liebsten ...« – »Du musst tun, was dein Gefühl dir eingibt«, so des Gurus wohlmeinender Rat. Gesagt, getan. Die nächste Session, die gleiche Dame, diesmal weinerlich und vorwurfsvoll: »Ich war mit dem Typ im Bett und nun hat mich mein Freund verlassen!« Des Gurus ironischer Kommentar: »Das hättest du dir denken können.« So war er eben, amüsierte sich über fehlende Geisteskraft. Ganz unrecht hatte er ja nicht ... aber hilft das wirklich?

Und ob mir das hilft, sagte die junge Frau vermutlich ganz begeistert: *Diese charismatische Erscheinung! Diese Ausstrahlung! Darin könnte ich ganz und gar aufgehen und dann dahinscheiden.* Wie? Was? Wurde der Algorithmus nicht mehr gefragt? Er sollte doch ein Wörtchen mitzureden haben, ob überhaupt oder wann dahingeschieden wird und wann nicht. Verwirrung, zugegeben, eines gestandenen Algorithmus nicht würdig. Guru, Guru überall und sonst nichts. Die Frontallappen um den Guru herum weich und matschig. Das kommt vor. Da die Natur ihre Lebewesen sehr verschieden ausstattet, werden auch die Ängste und damit das Bedürfnis nach übersinnlicher Hilfe ebenfalls sehr unterschiedlich ausgeprägt sein.

Homöopathie

Im seelischen Mangel wächst der dringliche Wunsch nach einer helfenden Instanz. Dies liegt wohl auch dem Glauben an die Wirkung homöopathischer Medikamente und Behandlungsmethoden zugrunde. Wissenschaftlich bisher wohl nicht nachweisbar, aber doch mit positiver Wirkung im täglichen Leben, bewegt sich die Homöopathie im Grenzgebiet zwischen Körper und Seele.

Oh! Götter, Gurus oder was auch immer, eben habe ich als dein Algorithmus Inventur gemacht und wider Erwarten feststellen müssen, dass Illusionen bei der seelischen Bilanz eine weitaus größere Rolle spielen, als ich je gedacht hätte. Es gehört allerdings schon seit jeher zu meinem Tagesgeschäft, jede Lücke in Wissen und Verstehen, die ich oder mein Freund, der Vorderlappen mit seinem Verstand, nicht sofort fassen und erklären können, systematisch durch Annahmen, Illusionen und Ideologien aufzufüllen. Ich kann nämlich Lücken in meiner Berechnung deines Verhaltens auf den Tod nicht leiden!

Warum das? Ganz einfach, weil ich so programmiert bin, dass ich bei einer Bedrohung, die ich nicht einschätzen kann, aus Überlebensgründen von der schlechtesten aller Annahmen ausgehen muss: Treffe ich im tiefen Wald auf einen mir Unbekannten, kann ich nicht wissen, was der vorhat. Also gehe ich zu meiner Sicherheit davon aus, dass der mich angreifen will, und schalte in den Verteidigungs- oder Fluchtmodus. Stellt sich dann nach und nach heraus, dass er nur fragen will, an welchem Baum er rechts abbiegen muss, um zur erfrischenden Quelle zu gelangen, kann ich nach und nach meine extreme Annahme durch die wirklich gemachte Erfahrung ersetzen und mein Verhalten danach richten. Aber falsches Vertrauen in jemand Unbekannten zu setzen, kann lebensgefährlich sein, das ist nichts für einen alterprobten Algorithmus.

Meine Verhaltensberechnungen sollten sich ja auf realistische Informationen gründen und jede Wissenslücke bedeutet dabei ein erhöhtes Risiko. Das hieße aber, je niedriger der seelische Pegel fiele und je mehr der im Vorderlappen residierende Verstand aus dem Spiel genommen würde, desto weniger würde ich von allem verstehen und desto mehr Raum in meinen Berechnungen müsste durch Illusionen, Schimären, Einbildung, Wunschbilder und dergleichen Schummeleien ersetzt werden. Kaum zu glauben, aber die Praxis des täglichen Lebens spricht dafür. Ein Beispiel ist die *alternative Medizin.*

Die körperliche Auswirkung eines seelischen Mangels ist eine heutzutage noch weit unterschätzte Erscheinung, vor allem auf die Dauer. Die Medizin des fassbaren Körpers hingegen ist weit fortgeschritten: Fast täglich gibt es neue Erkenntnisse und Methoden, Krankheiten zu erkennen, sie zu bekämpfen, zu heilen oder deren Verlauf wenigstens erträglicher zu gestalten.

Und die *nicht körperliche* Medizin? Die fast ohne Wirkstoff? Was hat es mit der Homöopathie, den *Kügelchen* und den *potenten Wässerchen* auf sich? Auf den ersten Blick ist das alles wenig logisch und zu viel der Hexenküche: Durch Schlagen auf echtes Leder wird der Wirkstoff immer weiter verdünnt und damit die *Potenz,* die Wirksamkeit angeblich erhöht. Schließlich ist nichts mehr drin vom originalen Medikament, es ist wegverdünnt bis auf null. Und das soll noch wirken? Der Wirkstoff sicher nicht, daher fehlt auch der wissenschaftliche Beweis. Könnte aber die Beweisführung selbst einseitig sein und Lücken haben? Hat man vergessen, auf die seelische Wirkung zu schauen? Und auf die schädlichen Extreme, den Missbrauch der Grundidee?

Ich als dein Algorithmus bin zwar weithin tolerant und so einiges gewohnt, das aber geht mir über die Synapsen! Da bietet jemand nicht nur Heilmittel verschiedener Potenz, sondern auch *verdünntes Wasser* an, ein anderer wagt sich tatsächlich an hoch verdünnte *Schwarze Löcher.* Nicht genug der Verhöhnung des Grundprinzips sind da weitere angeblich heilsame Ingredienzien im Angebot, z. B. *Excrementum caninum,* zu Deutsch *Hundekot*; der soll gegen *Schokoladen-Abusus,* also nächtliche Fressattacken am Kühlschrank, aber auch bei Schlafmangel und dem Nesthocker-Syndrom gute Dienste leisten. Da verweigern mir doch gleich meine Synapsen den Dienst.

Was wirklich für die Homöopathie spricht ist, dass sie subjektiv hilft und, je nachdem, stärker als erwartet. Das ist allerdings ein geradezu schlagendes Argument. Aber nur dann, wenn man daran glaubt? Nicht unbedingt. Homöopathie scheint seltsamerweise sogar dann zu wirken, wenn der Mensch weiß, dass sie eigentlich gar nicht wirken *kann.*

Es wird immer skurriler, das Ganze, ist aber gar nicht so unlogisch und ein weiterer starker Hinweis auf die Notwendigkeit von Illusionen: Der Glaube an Gott oder eine andere helfende Instanz, auch an *Kügelchen,* muss tatsächlich auf einer sehr tiefen Schicht meines Algorithmus unglaublich fest verankert sein, weit weg von den oberen Schichten von Vernunft und Verstand – mit hoher und höchster Priorität für das seelische Überleben: Im Notfall schlägt urtümlich angelegter Glaube jede vernünftige Überlegung.

Nach Umfragen glaubt ein überraschend großer Teil der menschlichen Algorithmen an irgendetwas, bis hin zum puren Aberglauben. – Und das sind nur die, die es zugeben. Im starken seelischen Mangel hat der Verstand keinerlei Einfluss mehr. Seine logischen Argumente sind komplett ausgeblendet, der Mittelscheitel-Lappen, oder wie der heißt, sauber kaltgestellt. Nur noch die tiefe Schicht, auf der der Glaube verankert ist, hat das Sagen. Warum? Ein helfender Notnagel muss jederzeit greifbar und absolut sicher verfügbar sein. Denn, ich muss mich wiederholen: Ein Minimalpegel an seelischer Energie darf auf keinen Fall unterschritten werden. Unwissenschaftlich die Kügelchen? Was solls! Windige Scheinerklärungen? Vergiss es! Esoterische Spinnerei? Und wenn schon! Es hilft! Muss man denn diese meine Urprogrammierung bis ins Letzte verstehen? Sinnvoll ist sie allemal, sonst wäre sie über die Jahrtausende hinweg längst wegrationalisiert worden.

Vorbehalte hin oder her: Ich als dein Algorithmus sage dir, dass homöopathische Interventionen meine Rechenvorgänge geschmeidiger und weniger angstbelegt machen. Auch der Glaube an *Kügelchen* bewirkt wie beim Gottesglauben, dass mir seelische Energie zufließt und meinen seelischen Pegel anhebt – und gar nicht mal wenig. Mein Immunsystem, meine Widerstandskraft gegen Krankheiten, meine Hoffnung und Zuversicht wird gestärkt: Ein Maskottchen mit Zauberkraft.

Reisen

Reisen bietet Abwechslung und viele Möglichkeiten, seelische Energie zu gewinnen: Naturerlebnisse, soziale Kontakte, Wissenszuwachs, sich im Abenteuerurlaub beweisen ... Reisen stellt für viele eine einträgliche und kaum verzichtbare Quelle seelischer Energie dar. Die vielen Möglichkeiten freuen mich als dein Algorithmus besonders – vom bloßen Herumliegen in der Sonne bis hin zum Dschungelabenteuer oder Kluburlaub. Eine Bildungsreise vielleicht? Ein Land besuchen, seine Naturschönheiten genießen, etwas über die dort lebenden Menschen erfahren? Sich erzählen lassen, wie diese ihr Leben gestalten, was ihnen wichtig ist, vielleicht auch unter dem Aspekt, nicht nur Unterhaltung, sondern auch Anregungen für die eigene Lebensführung zu erhalten? Sich erzählen lassen kann man viel. Persönliche Kontakte mit den Einheimischen könnten darüber hinaus echte Erfahrungen ermöglichen für den Fall, dass es sich nicht nur um eine touristische Show handelt.

Beim tieferen Eintauchen in eine andere Welt sollte man in Betracht ziehen, auch einmal mit eher zweifelhaften Erkenntnissen konfrontiert zu werden, die die eigene *heile Welt* gehörig ins Wanken bringen können.

Wie und was auch immer, ob nun sorgfältig geplant oder ganz spontan, Reisen bringt auf viele verschiedene Weise seelische Energie, von der man in der Folge zehren und mit diesem Schub an Energie sogar sein Weltbild aktualisieren kann. Nur wenn Reisen zum Dauerzustand wird, man sich zu Hause nicht wohlfühlt und dauernd auf dem Sprung sein *muss*, wäre es geraten, dieser Sucht auf den Grund zu gehen. Einem inneren Zwang nachzurennen bringt wenig seelische Energie und ist keine Dauerlösung.

Haustier

2019 lebten in fast jedem vierten Haushalt in Deutschland Katzen, in fast jedem fünften Hunde. Der Grund: Haustiere sind für viele Menschen verlässliche und unverzichtbare Quellen an seelischer Energie: Ein Hund bietet beispielsweise jederzeit sozialen, auch körperlichen Kontakt, strukturiert den Tag und fördert Bewegung durch Gassigehen wie auch den sozialen Austausch mit anderen Hundehaltern, bietet allerdings auch Möglichkeiten zur Machtausübung über das Tier. Das darf aber ja sowieso nicht tun, was es will.

Haustiere allgemein, besonders Hunde und Katzen, haben zuweilen einen höheren Stellenwert als ein Mensch: »Mein Hund ist mein ein und alles«, sagt die ältere Dame beim Spaziergang. *Vermenschte* Tiere als Ersatz für tragende soziale Beziehungen?

Als dein Algorithmus kann ich dir viele positive Aspekte nennen, auf welche Weise beispielsweise ein Hund mir seelische Energie beschert: Da ist tatsächlich ein Lebewesen, das in mir soziale Gefühle weckt und auch noch dauernd verfügbar ist, wann immer ich das Bedürfnis habe oder die Situation es gerade anbietet: Streicheln, Knuddeln, Rumalbern. Da fließt mir seelische Energie in Fülle zu. Gerade wenn ich seelisch etwas down bin, ist das eine besonders gute Quelle. Habe ich mal so gar keine Lust, dann eben nicht. Etwas kritisch kann es indes werden, wenn ich im starken seelischen Defizit bin. Im Stress neigt ein Algorithmus vermehrt zur Machtausübung, so mit lautstarkem *Sitz, Platz, Tabu* usw. Auch harsches Zerren an der Leine schränkt den Hund in seinem *Hundsein* noch mehr als sonst ein. Ein Mensch würde sich in einer solchen Situation wehren oder weglaufen, ein Tier kann das nicht. Daher bei aller Tierliebe: Es wäre gut, sich bewusst zu machen, dass ein Tier ebenfalls von einem Algorithmus gesteuert wird, der Belohnung für hundegemäßes Verhalten und Bestrafung für Abweichungen davon vergibt und nicht danach fragt, ob der Hund das nun freiwillig oder erzwungen macht. Es gibt Studien[16], die besagen, dass sich der Hund praktisch vollständig nach seinem Halter zu richten hat, während dieser in der Regel kaum in der Lage oder willens ist, seinerseits den *seelischen Status* seines Tiers zu erfassen und angemessen zu berücksichtigen.

Es gibt in diesem Zusammenhang noch viel mehr Gelegenheiten, seelische Energie zufließen zu lassen: Der Hund hilft den inneren Schweinehund zu überwinden, rauszugehen und sich zu bewegen, man trifft andere Hundehalter, hat sofort ein Thema, das die Verbundenheit fördert und neue Freundschaften erschließt etc. Insgesamt erfordert ein Tier auch, Verantwortung zu übernehmen und sich zu kümmern, sei es beim Besuch des Tierarztes oder dem Entfernen der zahlreichen Zecken nach dem Spaziergang. Alles in allem fällt für mich die Bilanz von Aufwand und seelischem Einkommen recht positiv aus und das dürfte auch der Grund sein, warum so viele Menschen sich ein Haustier halten.

Absolut fraglich wird es, wenn wegen gewisser Schönheitsideale und Moden Tiere so gezüchtet werden, dass sie dauernd unter gesundheitlichen Beschwerden leiden müssen. Ein richtiger Tierfreund wird sich außerdem bemühen, ein Mindestmaß an Einfühlungsvermögen für die Bedürfnisse seines Haustiers zu entwickeln.

Macht

Ein zwiespältiges Thema, darüber rede ich eigentlich gar nicht gerne. Machtstrukturen sind wohl nötig, um beispielsweise einen Staat oder eine Firma zu strukturieren und lenkbar zu machen. Aber Macht ist nicht gleich Macht. Ein Mensch, der sich aufgrund eigener Leistung in eine Machtposition hochgearbeitet hat, wird in der Regel der Verantwortung gerecht, die er für seine Mitarbeiter oder Kunden trägt sowie für seine Entscheidungen, die zu Erfolg oder Misserfolg führen können. Es handelt sich eher um eine Art von Aufgabenteilung und Kooperation als um Machtausübung. Wird hingegen irgendein herausgedeuteter Algorithmus ohne Ansehen seiner nötigen Fähigkeiten in eine Machtposition *gehoben*, in der er keine Verantwortung für die Folgen falscher Entscheidungen übernehmen muss, ist die Gefahr einer Überforderung bis hin zum Machtmissbrauch ungleich höher.

Wie auch immer ist eine unkontrollierte Machtposition mit Abstand die effizienteste Art, sich seelische Energie zu verschaffen, und Macht wird oft allein deswegen ausgeübt, weil man die Möglichkeit dazu hat.

Eine eigene Spezies sind Machthaber, die ihre Macht durch den Einsatz von Gewalt erlangt haben, denn diese unterliegen einer besonderen Dynamik: Sie haben Schuld auf sich geladen und berechtigte Angst davor, einmal entmachtet und zur Rechenschaft gezogen zu werden. Es entsteht der Zwang, seine Machtposition notfalls auch rücksichtslos zu verteidigen.

Seelisch funktioniert Macht am Beispiel eines mächtigen Königs folgendermaßen: Der König lenkt seine Schäfchen nicht so, dass es denen, sondern ihm selbst zugutekommt. Jedes Schaf muss einen Teil seiner Freiheit und Selbstbestimmung und einen Tribut abgeben, was einem realen Verlust an seelischer Energie aus den ihm nun verbotenen Bereichen entspricht. Diese ausgesparten Bereiche nutzt nun der Machthaber und schreibt sie seinem eigenen Seelenkonto gut. Der *Gewöhnliche* darf nicht in den Wäldern des Machthabers jagen. Dieser lenkt die Geschicke streng nach eigenen Interessen, z. B. durch hohe Steuern, im Extremfall auch durch Erpressung und Raub. Seine Machtposition weiter auszubauen heißt, dies wiederum auf Kosten der Schäfchen zu tun.

Aber wenn sich diese zu sehr eingeschnürt fühlen und ihnen zu viel Freiheit und damit Möglichkeiten genommen werden, seelische Energie zu erarbeiten? Sinkt deren Pegel zu stark ab, setzt das Aggressionen in Gang: Widerstand und Revolten können entstehen. Die Ängste des Machthabers wachsen. Um sich noch sicher zu fühlen, sieht er sich gezwungen, seine Schäfchen noch stärker in den Griff zu kriegen, sie in ihrer seelischen Energiegewinnung noch stärker einzuschränken. Zwangsläufig setzt sich eine Spirale der Gewalt in Gang.

Kritisch ist der Punkt, an dem das Seelenkonto des Machthabers selbst kippt: Eines Tages ist der seelische Abfluss infolge seiner Ängste größer als die Einkünfte aus der Machtausübung selbst. Nur noch durch Ängste getrieben und mit grenzwertig niedrigem seelischem Pegel verliert er den Überblick, macht Fehler und sieht sein Scheitern auf sich zukommen. Seine Ängste werden übermächtig und kaum mehr beherrschbar, wie geschichtliche Beispiele (z. B. Stalin[17])) zeigen. Die Schäfchen gibts natürlich auch noch, aber nach denen fragt keiner. Die müssen das aushalten oder … mit dem Machthaber untergehen.

Das wirklich Bedenkliche an der Macht ist, dass oft gar nicht bewusst wird, wie oft man Tag für Tag selbst Macht ausübt oder Opfer von Macht wird. Kein Mensch denkt an Macht, wenn er einen Mitmenschen links liegen lässt, nicht grüßt oder ihm auf andere Art die Aufmerksamkeit verweigert, denn jeder Mensch will wahrgenommen werden; unerfüllte Erwartung senkt seinen seelischen Pegel, der nur durch Zuwendung seiner Mitmenschen wieder ausgeglichen werden kann.

Früher war das in der Familie eine der übelsten Strafen: Man hat nicht mehr mit dem Sünder gesprochen, bis er windelweich *geschwiegen* war. Anderes Beispiel: Rechts und links ist alles zugeparkt, sodass nur einer durchpasst. Rücksichtsvoll lässt du dem anderen Fahrer den Vortritt, doch statt dir durch eine kleine Geste zu danken, fährt der einfach an dir vorbei und würdigt dich keines Blickes. Das ist ein Gefühl, als hätte der Bauer dem König den Vortritt lassen müssen, nicht wahr?

Ist dir das überhaupt aufgefallen? Auf der Heimfahrt neulich habe ich, als dein fürsorglicher Algorithmus, dich überholen lassen wie ein Gestörter. – Nicht weil wir zwei es wirklich eilig hatten, sondern weil es sein musste! Ich habe dir das gar nicht erst bewusst gemacht, dass du durch das Überholen Macht ausgeübt hast, um seelische Energie daraus zu schöpfen und deinen übermächtigen Frust zu lindern. Macht auszuüben über diese *lahmen Enten* mag zwar moralisch und sonst wie verwerflich sein, aber der kritisch abgesunkene seelische Pegel bedurfte dringend einer Auffrischung und so habe ich denen eben in *Notwehr* seelische Energie gestohlen, indem ich diese Kriecher mit unseren vielen PS auf die Plätze verwiesen habe. Dass ich dabei gezwungen war, bescheuerte Risiken einzugehen, und den einen oder anderen beim Einscheren böse schneiden musste, liegt wohl auf der Hand. Ohne Risiko kein Gewinn! Nicht ganz bei Trost, ich weiß, aber wenn es sein muss? Deinen flauen seelischen Pegel hat es jedenfalls aufgepeppt.

Macht ausüben? Nichts einfacher als das! Es genügt völlig, jemandem morgens beim ersten Anblick ein gedankenloses *Wie siehst du denn aus?* hinzuwerfen, um ihm den ganzen Tag zu vermiesen.

Beispiel: Der Fahrer des Gabelstaplers hat wieder einmal die Palette unachtsam aufgegabelt, der Inhalt ist abgerutscht und beschädigt worden. Spontane Reaktion seiner Kumpel: »Wie kann man nur so blöd sein!« Der Vorarbeiter: »Wenn das jetzt noch mal passiert, sorge ich für eine Abmahnung!« – Platsch! Der seelische Pegel des Fahrers fällt in den tiefsten aller Keller. Jede Zurechtweisung ist eine Machtausübung und kann sehr unschöne Folgen zeitigen, wenn sie nicht auf die sachlichen Gründe eingeht, sondern ungeprüft auf emotionaler Ebene erfolgt. Der seelische Pegel des Betroffenen kann so weit sinken, dass seine rationalen Fähigkeiten verloren gehen und er gar keine Einsicht mehr zeigen *kann*, sondern eher mit Widerstand oder gänzlicher Demotivierung zu rechnen ist. Der Gabelstaplerfahrer befindet sich vielleicht in einer familiären Lebenskrise, ist mental heruntergefahren und eigentlich nicht voll einsetzbar. Er sieht sich eher als Opfer, auf dem man in seinem minimalen seelischen Zustand nicht auch noch herumhacken sollte. Richtig wäre, ein persönliches Gespräch mit ihm zu führen und ihn vielleicht erst mal mit unkritischeren Arbeiten zu betrauen. Das wiederholte Missgeschick hätte spätestens dazu führen müssen, die ungeschminkte Realität auf den Tisch zu legen.

Was steht einer klärenden Aussprache entgegen? Jede Hierarchie bedeutet gestufte Macht nach unten, genauer gesagt eine Macht-

Option, die aber jederzeit in spürbare Machtausübung wie Abmahnung, Versetzung oder Entlassung umschlagen könnte. Hierarchiestufen sind wie Treppenstufen und von unten schwerer zu nehmen als von oben. Dieses Problem zeigt sich insbesondere im Verhältnis zum Vorgesetzten: Reagiert dieser unsachlich und abweisend, wird keiner mehr wagen, etwas zu sagen, selbst wenn es zum Nutzen der Firma wäre. Die Gefahr, nicht ernst genommen oder vom unwilligen Vorgesetzten barsch zurückgewiesen zu werden, ist viel zu groß. Dann lieber auf Dauer mit vermeidbaren Fehlern, Null-Motivation und ungesunder Unzufriedenheit oder sogar mit schwerwiegenden Gefahrenquellen leben.

Ein probates Mittel zur Verteidigung der eigenen Machtposition sind unter anderem Dogmen, die schlicht nicht mehr hinterfragt werden dürfen wie *An unserer Schule gibt es keine Drogen,* obwohl jeder weiß, dass das nicht stimmt. Oder nach dem Motto: *Das haben wir immer so gemacht.* Der sich wahrhaft mächtig Fühlende korrigiert sich nicht und lässt sich schon gar nicht von anderen korrigieren. Früher hat man die Überbringer schlechter Nachrichten einfach liquidiert und hielt das Problem damit für gelöst, heute ignoriert man Lästiges einfach oder nennt es *Fake News.* Eine Vorstufe solch realitätsverneinender Machtausübung ist die *Political Correctness,* die solche angeblich kritischen Ausdrücke oder unangenehme Formulierungen schlichtweg verbietet. Glaubt man wirklich, dass mit dem Terminieren der Begriffe auch die Probleme verschwinden? Sieht ganz nach streikendem Hirnlappen aus, wenn man von einer neuen Form geistiger Verwirrtheit absieht.

Sündenbock

Eine besonders effiziente Version der Machtausübung ist die Methode *Sündenbock*: Irgendeine gefühlt existenzielle Bedrohung – Pandemien, Wetteranomalien mit Ernterückgängen, Versorgungsengpässe, soziale Spannungen, brüchige Ordnung, kriminelle Übergriffe, Kriegshandlungen ... was auch immer – die von allen als diffuse und tiefgreifende Ängste empfunden werden, mit der Folge eines generell starken Einbruchs des seelischen Pegels der Gemeinschaft als Ganzer. Das *Volk* braucht dann sehr schnell einen augenfälligen Schub seelischer Energie, es muss schnell wieder aufwärtsgehen, sonst werden die Algorithmen in den Aggressiv-Modus verfallen, aufmucken, die öffentliche Ordnung beiseiteschieben oder gar auf die Barrikaden gehen. *Corona* ist da das beste Beispiel.

Menschen mit ihrer althergebracht ungeeigneten Programmierung können einen starken seelischen Einbruch mit dem Gefühl einer existenziellen Bedrohung nicht lange aushalten: Angst und Panik lodern auf wie ein Strohfeuer. Seelische Energie muss her, und zwar schnell! Woher ist dann plötzlich ganz egal. Als dein verantwortlicher Algorithmus werfe ich in so einem Fall eines meiner elementarsten Rettungsprogramme ins Gefecht, das Prinzip *Sündenbock:* Ich deute ein paar Sündenböcke heraus, gebe ihnen die Schuld an der bedrohlichen Situation und lasse sie dafür büßen. Ob die sich tatsächlich schuldig gemacht haben oder nicht ist völlig egal. Man stellt die Herausgedeuteten an den Pranger, verfolgt sie, bekämpft sie, bringt sie womöglich um und raubt ihnen damit eine Menge seelischer Energie, die nun der Macht ausübenden Masse zufließt, deren schweren seelischen Einbruch mildert und von eigenen Fehlern ablenkt. Noch einfacher gesagt: Die durch Existenzängste ausgelösten Aggressionen müssen raus, brauchen in erster Linie ein Ziel, ein Opfer, an dem sie sich austoben, Macht ausüben und dadurch seelische Energie generieren können.

Und wenn sich niemand als *äußeres Opfer* anbietet? Dann besteht die Gefahr, dass sich die Energien nicht nach außen, sondern nach innen, gegen die Gesellschaft selbst richten, diese destabilisieren und in den Ruin von Verteilungskämpfen um die verbleibende seelische Energie treiben. Mit einem herausgedeuteten Sündenbock ist die Schuldfrage hingegen geklärt: Dann hat man nicht etwa selbst die Tragweite einer Pandemie unterschätzt und zu spät, zu unklug oder überzogen reagiert, sondern es war ganz bestimmt der böse und schon immer suspekte Chinese, der das Virus gezüchtet und dann auf die Welt losgelassen hat.

Im Mittelalter mit seinen vielen Kriegen, Epidemien und Hungersnöten war die Methode *Sündenbock* mehr oder weniger ein Standard in der Problembewältigung. Man wusste ja nicht, dass es Rattenflöhe waren, die die Pest verbreiteten, stand hilflos vor dieser tödlichen Geisel und alles Beten nützte nichts. Kein Wunder, dass man in Panik und unter untragbar gewordener seelischer Pein schließlich übersinnliche Kräfte verantwortlich machte. Besonders Frauen, die sich mit Heilkräutern, Essenzen und weiteren obskuren Erscheinungen und Tätigkeiten abgaben, boten sich als Sündenböcke geradezu an und wurden zu *Hexen* stilisiert.

Aber was tun mit den seelisch weniger tief Abgesunkenen, mit den paar wenigen noch von Resten an Denkfähigkeit und sozialer Rücksicht gehemmten Zweifler? Um die auf den rechten Weg des Mainstreams zu weisen, ist es lediglich nötig, dem Opfer menschliche Eigenschaften abzusprechen und es durch Entmenschlichung zum bloßen Objekt zu degradieren. Dann sind die letzten sozialen Hemmungen auch noch weg. Als ersten Schritt gilt es, jegliche Kontakte zu den Sündenböcken abzubrechen und sie in der Folge als *schädliche Elemente* zu definieren. Denn was schädlich ist, das darf man auch bekämpfen, schließlich ist das Notwehr. Mit ein bisschen Nachdruck sind damit die meisten Zweifler wieder auf allgemeinen Kurs gebracht und jede lästige soziale Hemmung beseitigt. Das meist verschwindend kleine Häufchen der tatsächlich vernünftig Gebliebenen mit dem Vorschlag, doch die wirklichen Ursachen zu ergründen und der lästigen Meinung, der Hexenwahn sei himmelschreiendes Unrecht und ausufernde Machtausübung, tut gut daran, dies für sich zu behalten und vor den Linientreuen zu verbergen, sonst laufen sie Gefahr, als angebliche Helfer der Sündenböcke mit diesen in einen Topf geworfen und mit eliminiert zu werden. *Diese Querulanten wollen uns doch bloß ein schlechtes Gewissen machen und uns an der rechten Sache hindern!*

Bei sinkendem seelischem Pegel gibt es eine kritische Grenze, an der der Algorithmus das Rettungsprinzip *Sündenbock* so gnadenlos aktiviert, dass jeder Widerstand gegen diese Altprogrammierung lebensgefährlich wird. Diesen Umstand sollte man bei der am bequemen und gefahrlosen grünen Tisch öfter gestellten Frage berücksichtigen, warum dieser und jener sich nicht gegen diese oder jene später ausufernde Entwicklung gestellt hat.

Die am seelischen Minimum auftretenden Aggressionen der Masse sind von großer Wucht und treffen nun voll diese Bedauernswerten. Je unmenschlicher man mit den Sündenböcken umgeht, je mehr man ihnen ihre Würde und schließlich das Leben nimmt, desto stärker die allgemein empfundene Besänftigung. Jemandem das Leben zu nehmen ist tragischerweise die höchste Form der Machtausübung. Mit dem Sündenbock ist auch das Problem der wirklichen Schuld endgültig beseitigt und begraben.

Das ist bedenklich und realitätsfremd: Wer da gemobbt, verfolgt, vertrieben oder umgebracht wird, spielt gar keine so große Rolle, Minderheiten und Randgruppen, die weniger stark ins normale Volk eingebunden sind, bieten sich allerdings an. Auch einzelne randständige Menschen, die bereits in Friedenszeiten aus dem gewöhnlichen Rahmen fallen, sind in Gefahr. Und natürlich die, die sich nicht wehren können, wegen der Effizienz. Auch der Räuber vergreift sich am liebsten an Alten oder Behinderten, weil nur geringer Widerstand zu erwarten ist und damit ein besonders effizienter Gewinn an seelischer Energie winkt.

Nach außen wird das Prinzip *Sündenbock* oft scheinheilig als *Reinigungsprozess* verkauft. In einer darniederliegenden Partei oder einem erfolglosen Verein beispielsweise, kann auf der Suche nach Sündenböcken dieses Prinzip sogar so weit gehen, dass man versucht, selbst nur im Geringsten abweichende Meinungen als *Krebsgeschwüre* mit allen Mitteln aggressiv zu unterdrücken und den Kritiker aus dem Weg zu schaffen, selbst wenn er noch so recht haben sollte.

Wichtig beim Prinzip *Sündenbock* ist vor allem, dass die Kompensation schnell erfolgt. Im Wilden Westen wurde auch nicht immer der wirkliche Täter gehängt, viel dringlicher war es, die offene seelische Scharte möglichst schnell wieder auszuwetzen, notfalls auch mit einem Unschuldigen. Denn lange hält eine Gemeinschaft diese überstarke seelische Belastung nicht aus. Für eine gewisse Zeit wohl, aber wie die *Corona*-Krise zeigt, ist irgendwann Schluss mit lustig: Der seelische Pegel fällt und ein Großteil der Gesellschaft will Einschränkungen in ihrer seelischen Energiegewinnung nicht mehr hinnehmen. So sind wir Algorithmen eben …

Auf politischer Ebene genügt übrigens oft schon eine einzige ehrliche aber unbedachte Mail an den Falschen, um als Sündenbock für verlorene Wahlen herhalten zu müssen.

Eine besonders beliebte Variante des Sündenbock-Prinzips zeigt sich in Form von Verschwörungstheorien, die hinterhältige und machtgeile Regierungen, religiöse Vereinigungen mit obskuren Riten und Vernetzungen, ethnische Minderheiten oder gleich eine Weltverschwörung der Mächtigen für den harschen seelischen Abfluss und die damit auftretenden Ängste verantwortlich machen. In der *Corona*-Krise kommt es nicht nur aus Angst zum Bunkern von Toilettenpapier und Hefe, sondern auch zu so überraschenden wie himmelschreienden Meinungen zu den Maßnahmen der Regierung: *Die wollen Corona bloß dafür nutzen, uns Bürgern die Rechte und Freiheiten zu beschneiden, uns Isolation und Masken aufzuzwingen, sicherlich nur um zu testen, was wir uns alles noch bieten lassen, bevor wir auf die Barrikaden gehen ...* Wie bitte? Dienen diese Maßnahmen nicht dazu, die rasend schnelle Ausbreitung des Virus einzudämmen und so zu verlangsamen, dass das Gesundheitssystem nicht durch die dann zu zahlreich auftretenden schweren Fälle überlastet wird? Ist das nicht in unserem ureigensten Interesse? Sollten wir da nicht aktiv mitmachen? Klar, dass es ein Vabanquespiel zwischen Begrenzen der Neuinfektionen und dem wirtschaftlichen und seelischen Schaden durch die Gegenmaßnahmen ist. Das wollen viele nicht wahrhaben und befassen sich lieber mit den Chinesen, die das Virus doch absichtlich in die Welt gesetzt haben und ganz bestimmt auch noch versuchen, mit ihrer schlitzäugigen 5G-Funktechnologie den Virus über Funk zu verbreiten!

Aber jetzt auch mal ein bisschen Verständnis: Eine Kontaktsperre bedeutet, dass genau die sozialen Kontakte zu Freunden und Bekannten unterbrochen werden, aus denen z. B. viele Algorithmen einen Großteil ihrer seelischen Energie schöpfen. Ohne diese Kontakte läuft deren Seelenkonto leer und es ist nur eine Frage der Zeit, bis der eine früher, der andere später an seine seelische Untergrenze gerät, wo Verstand und Vernunft dahin sind und stattdessen Aggressionen und der ganze Sündenbock-Mist sich Bahn brechen: Schlagartig vom Homo sapiens zum Neandertaler! Einschränkungen können daher nur für eine bestimmte Zeit aufrecht erhalten bleiben. Je nach Höhe der Resilienz, der Höhe des seelischen Ausgangspegels, der einen gewissen Puffer darstellt, dauert es kürzer oder länger bis die untere Grenze erreicht ist. Insofern sind Algorithmen, deren Seelenheil auf mehreren Säulen ruht, im Vorteil.

Welche Hirngespinste sich da auch immer austoben: Das *Wie* und *Woher* der Pandemie sollte doch besser der Wissenschaft zur Aufarbeitung überlassen werden. Mitten in der Krise ist mir das so was von egal und ich konzentriere meine Energie lieber darauf, das Problem lösungsorientiert in den Griff zu kriegen, also zu tun, was getan werden muss!

Im Grunde läuft das Sündenbock-Prinzip darauf hinaus, die Verantwortung an der Malaise anderen aufzulasten und sich im schweren seelischen Mangel selbst nicht mehr um eine Lösung bemühen zu müssen. Es ist verstörend, zu erkennen, wie schnell die menschliche Vernunft verloren geht, wenn der seelische Pegel durch eine überraschende Bedrohung zu stark und zu schnell absinkt. In Angst und Panik werden – knips – Lappen, Vernunft und Verstand alle miteinander einfach ausgeschaltet. Ausgerechnet die einzigen Instanzen, die dem bescheuerten Sündenbock-Treiben noch Einhalt gebieten könnten.

Das Prinzip *Sündenbock* ist ein so irrationales wie seit Urzeiten ausgiebig im Einsatz befindliches Routine-Werkzeug des Algorithmus zum Ausgleich starker und schneller seelischer Einbrüche und so tief im Menschen verankert, dass es schwerfallen wird, ihm Paroli zu bieten. Was ist also zu tun? Es bleibt nur, den seelischen Pegel des Einzelnen oder der Gesellschaft als Ganzes anzuheben und dadurch die Zwangshandlung *Sündenbock* wieder zurückzudrängen. Und wie? In erster Linie durch Sachlichkeit, Ehrlichkeit und Transparenz, denn zweifelhafte, sich widersprechende oder gar vorenthaltene Informationen tragen entscheidend zu solch elementaren Rückfällen in den desaströsen Programmteil *Sündenbock* bei. Auch wäre es intelligent, die im Sündenbock-Modus sinnlos verschleuderte Energie ganz auf die Abwehr der Bedrohung selbst zu richten.

Alles in allem läuft auch diese Strategie wieder auf eine Stärkung meines neuerdings hoch geschätzten Vorderlappens hinaus, indem dieser Intelligenzbolzen durch gute Information, Wissen und Verstehen dafür sorgt, nicht in defensives Beklagen dieses Schicksalsschlags zu verfallen und nach einem Sündenbock zu suchen, sondern die Situation zu akzeptieren, wie sie ist, und alle Kraft dafür einzusetzen, die Krise zu bewältigen. Wird mit Verstand und Vernunft früh genug diese Bremse betätigt, lässt man den fallenden seelischen Fahrstuhl gar nicht erst ins Untergeschoss rauschen und der seelische Niedergang bliebe in beherrschbaren Grenzen.

Es wäre Zeichen wirklicher Intelligenz, sich bereits im Vorfeld durch angemessene Vorsorge gegen vorhersehbare Krisen und deren seelische Einbrüche zu wappnen. Wenn doch nur in der strategischen Führung ein paar herausragende Vorderlappen am Denken wären …

Sekten

Eine etwas spezielle Quelle seelischer Energie stellen Sekten bereit, oft zu einem hohen Preis. Sobald der seelische Pegel so weit abgesunken ist, dass die Eigensteuerung versagt und der Betroffene seine Orientierung verliert, ist die Zeit *neuer Freunde* gekommen, mit dem Versprechen, die darniederliegende Seele im Schoße einer neuen tragenden Gemeinschaft zu stützen und wieder aufzubauen. Was dabei geflissentlich verschwiegen wird, ist die ganz besondere Art und Weise, wie die seelische Energiegewinnung vonstattengehen soll: Alles nur im Interesse der Sekte, die Belange des neuen Mitglieds spielen in Wirklichkeit keine Rolle.

Und die versprochene seelische Energie? Durch sorgfältiges Isolieren von allen bisherigen Quellen wie Familie, Freunden, der bösen Welt da draußen und was auch immer, wird der Defizitäre gezwungen, seine seelische Energie ausschließlich aus der Anerkennung innerhalb der Sekte zu gewinnen. Dadurch ist er deren Geschäftsmodell und Ideologie hilflos ausgeliefert, die beispielsweise darin bestehen könnte, viel Geld für eine mentale Schimäre zu zahlen, sich brav jeder noch so kruden Regel unterzuordnen, zu missionieren und was auch immer. Im Gegenzug nimmt die Sekte ihrem Mitglied das lästige Denken ab und bietet seiner verunsicherten Seele eine sicher geglaubte Scheinwelt.

Außer wenn man zur Führungsebene gehört, und deren Vorteile und Ausnahmen genießt, wird einem nur so viel seelische Energie zugestanden, dass es eben gerade reicht, aber keinesfalls genug, um sich aus der Abhängigkeit zu lösen. Es ist die Kunst der Sektenführung, stets dafür zu sorgen, dass die Schäfchen in einem schmalen seelischen Korridor gehalten werden: höher als ein kritischer Minimalpegel, unterhalb dessen die Depression droht, und deutlich unterhalb eines Pegels, der eigenständige Gedanken und Handlungen ermöglichen würde und damit auch die seelische Potenz, die Sekte zu verlassen.

Auch *Zweier-Sekten* arbeiten nach dem gleichen Modell: Ein zu Gewalt neigender Beziehungspartner demütigt sein Opfer bis nahe an dessen seelischen Minimalpegel der Depression, isoliert es von allen anderen seelischen Quellen und macht es dadurch ganz von sich abhängig. Droht der unterworfene Part nun wirklich depressiv zu werden und seine ihm abgeforderten Aufgaben nicht mehr erfüllen zu können, kriegt er ein paar wohldosierte Streicheleinheiten, die ihn gerade noch vor dem seelischen Hungertod bewahren: »Er ist nicht immer so brutal, manchmal kann er auch ganz lieb sein …« Doch beim geringsten Anstieg des seelischen Pegels mit Anzeichen von selbstständigem Denken oder Handeln gerät der Machthaber in Angst und Panik, verlassen zu werden, und sorgt durch körperliche und seelische Misshandlung dafür, dass der seelische Pegel so weit absinkt, dass das Opfer wieder für ihn frei manipulierbar ist. Das ist nichts anderes als seelische Sklavenhaltung.

Von außen gesehen ist es immer wieder total unverständlich, was hörige Opfer alles mit sich machen lassen, und dass sie aus Mangel an seelischer Energie einfach nicht in der Lage sind, sich aus eigener Kraft aus solch zerstörerischen Bindungen zu lösen.

Meditation

Vom lateinischen *meditatio* abgeleitet (*nachsinnen, überlegen*) ist Meditation eine von vielen Religionen und Kulturen ausgeübte spirituelle Praxis. Durch Achtsamkeits- oder Konzentrationsübungen soll sich der Geist beruhigen und sammeln. In östlichen Kulturen gilt Meditation als bewusstseinserweiternde Übung, um Bewusstseinszustände wie Stille, innere Ruhe, Panorama-Bewusstheit, im Hier und Jetzt sein und weitere wünschenswerte Zustände zu erreichen.

Sich beruhigen, sich sammeln? Das bedeutet doch nichts anderes als *eine mentale Technik, um einen höheren seelischen Pegel zu* erreichen. Am besten bis zum Zustand der Ausgeglichenheit, in der tatsächliche Ruhe und Sammlung herrscht. Und *Panorama-Bewusstheit* bedeutet ja nichts anderes als *bewussten Überblick* und ist doch nur eine andere Bezeichnung für eine höhere Denkebene, die Übersicht und längerfristiges Denken erlaubt, zugänglich wieder nur mit einem höheren seelischen Pegel.

Beim Vorgang des Meditierens selbst wird mit verschiedensten Techniken versucht, einen Reset zu machen, indem man möglichst alle von außen und innen das seelische Gleichgewicht störenden Einflüsse ausblendet und sich in eine Art *Scheinwelt* begibt, in der die *Welt in Ordnung* ist. Man sagt dem problembeladenen Algorithmus ganz bewusst, er solle doch einfach so tun, als gäbe es für ihn keine Belastungen und Hemmungen und er könne seine Tätigkeit unbeschwert ausüben.

Auch nur zeitweise in einen ausgeglichenen seelischen Zustand gekommen, zeigt sich die Welt plötzlich von den vielen negativen Gedanken befreit, die mit einem niedrigen seelischen Pegel einhergehen: Nach dem Wegräumen der blockierenden Gedanken ist jetzt wieder Platz für Neuorientierung und Zukunftsperspektiven.

Manche können diesen Zustand im täglichen Leben erreichen, manche brauchen dazu besondere Umgebungen wie z. B. einen Ashram, ein Meditationszentrum oder einen Lehrer, um das belastende tägliche Leben zumindest zeitweise auszublenden oder loszulassen.

Gelungene Meditation ist ein sehr wirksames Mittel, seinen seelischen Pegel anzuheben.

Drogen

Wenn die Belohnungsgefühle ausbleiben, nicht genügend seelische Energie erwirtschaftet werden kann und der Pegel unaufhaltsam in den roten Bereich abdriftet, bleibt nur noch, eine Belohnung auf ganz direktem Weg zu *simulieren*, mit Substanzen, die auf irgendeine Weise einen seelischen Zufluss *vortäuschen* – sei es, durch Psychopharmaka den Serotoninspiegel zu erhöhen, oder mit Drogen wie Nikotin, Kokain oder Heroin, die direkt an den Belohnungsrezeptoren andocken und dem Menschen eine Belohnung vorspiegeln.

Das Problem bei Drogen aller Art sind Suchtverhalten und Persönlichkeitsveränderungen, ganz abgesehen von schädlichen körperlichen Nebenwirkungen. Aber selbst *weiche* Drogen können auf Dauer das Verhalten insgesamt beeinflussen und ob Amphetamin tatsächlich die persönliche Leistungsfähigkeit erhöht oder dem manisch gewordenen Konsumenten lediglich vorspiegelt, er sei der Größte, bleibt dahingestellt.

In seelischen Grenzfällen mögen Drogen okay sein, aber will man tatsächlich seine Glücksrezeptoren auf Dauer betrügen? Die mögen das gar nicht und ergreifen Gegenmaßnahmen: Sie verringern ihre Anzahl und Sensibilität und schon muss die Dosis erhöht werden. Mit dieser steigen auch Nebenwirkungen, Gesundheitsschäden und Abhängigkeiten. Eine fatale Wendeltreppe in den Abgrund.

Drogen als Alltagsmedikamente? Morgens der Aufwacher, abends die Schlaftablette? Das Gehirn gewöhnt sich an die Zufuhr dieser Substanzen und arrangiert seine seelische Konstellation neu: Persönlichkeitsveränderungen machen sich unangenehm für alle bemerkbar, vor der neuerlichen Zufuhr, wie bei Rauchern leicht zu beobachten ist. Nervosität, Fahrigkeit und Dünnhäutigkeit sind typische Merkmale eines abgesunkenen Pegels.

Der gut kontrollierte Einsatz von Drogen ist sinnvoll und nötig in Notfällen, als Mittel zur Bewältigung des täglichen Lebens hingegen eine körperliche und seelische Selbstvernichtung auf Raten.

Resilienz

Da haben wir nun ein Sammelsurium verschiedenster Quellen, die sich natürlich noch viel weiter detaillieren lassen oder in beliebigen

Kombinationen miteinander auftreten können: Bewegung ist gut, soziale Kontakte auch, aber mit Freunden zu joggen bringt in der Kombination noch einiges mehr an seelischem Ertrag als jede einzelne Quelle für sich. Ähnlich verhält es sich am Arbeitsplatz: Eine erfolgreiche Arbeit wird durch wohlwollende soziale Beziehungen am Arbeitsplatz in ihrem seelischen Ertrag stark gesteigert, durch eine schlechte Atmosphäre hingegen gemindert wenn nicht gar in Frust verwandelt.

Es muss aber unterschieden werden: Im leichten seelischen Mangel können manche Quellen mehr oder weniger bewusst geplant und in die Praxis umgesetzt werden, denken wir an Ernährung, Bewegungsverhalten, Berufswahl oder Freundeskreis, andere wiederum wie Glaube, Esoterik oder die Suche nach einem Sündenbock setzen wir Algorithmen mehr oder weniger automatisch, geradezu zwanghaft in Gang, wenn der seelische Pegel unter einen bestimmten Wert sinkt.

Im starken seelischen Mangel, vor allem in der Nähe des *Point of no Return* können sämtliche, auch die ehedem gefühlt *selbstbestimmten* Quellen an seelischer Energie in beliebige Extreme ausarten: Eine vegane Lebensweise wird zum unerschütterlichen Dogma, der Fleischesser zum Feindbild, es geht jeden Abend in die Bar zum flachen Abgrasen, dauernd außer Haus, unaufhörliches Reisen, ein Haustier zum Ersatzmenschen hochstilisieren, statt Glaube Frömmelei und Missionieren, statt Wissenschaft ausufernde Esoterik und Glaube an übersinnliche Kräfte, Alkohol und Nikotin zu jeder Zeit, am unteren seelischen Ende statt Vernunft schließlich Aggression, Gewalt und die Suche nach einem Sündenbock, alles ohne Blick aufs Ganze, dafür zwanghaft und notfalls ohne jede Rücksicht ... Der Mensch gerät ohne äußeren Halt im seelischen Mangel in eine Art Trichter, der seine Sicht ohne weiteres Zutun immer weiter auf eine einzige Quelle einengt und im Weiteren sein Handeln schließlich zur Sucht werden lässt. In welchem Bereich sich seine Interessen konzentrieren – ob Macht, Geld, Tierliebe, Glaube, Esoterik, Glücksspiel oder was auch immer – hängt im Wesentlichen davon ab, wie er selbst ausgelegt ist, welche Gelegenheiten sich zufällig bieten oder an wen er in der Phase seiner Orientierungslosigkeit eben gerät. Der eine verliert bei gleicher objektiver Belastung schneller das seelische Gleichgewicht als der andere, wobei nicht nur das Absinken des seelischen Pegels absolut gesehen eine Rolle spielt, sondern auch wie schnell der seelische Einbruch und von welchem Niveau aus dieser erfolgt. Je mehr seelische Quellen bereitstehen, um den Niedergang zu bremsen oder gar auszugleichen, desto unempfindlicher (resilienter) wird der Betroffene gegenüber überraschenden Belastungen sein.

Resilienz bedeutet in diesem Bild die Fähigkeit des Organismus, bei einer plötzlichen seelischen Belastung schnell genug seelische Quellen aktivieren zu können, um nicht in ein so starkes Defizit zu geraten, dass es zur Panik kommt, Ängste dominieren und die Steuerungsfähigkeit verloren geht.

Die besten Voraussetzungen für seelische Resilienz hat ein Mensch, der bereits von Natur aus eine gewisse seelische Stabilität aufweist, denn sein seelischer Pegel fällt bei einer Belastung vergleichsweise wenig ab, Verstand und Vernunft bleiben erhalten und Panikreaktionen bleiben aus.

Schwieriger wird es für Menschen, deren Nervenkostüm ohnehin schon auf Kante genäht und deren seelischer Pegel bereits durch leichte Stöße schwer zu erschüttern ist. Ihr seelischer Pegel ist labil und es genügt bereits ein vergleichsweise kleiner Anlass, um sie ohne Sinn und Verstand und daher ohne Berücksichtigung der Folgen um sich schlagen zu lassen.

Doch auch für seelisch stabile und noch viel mehr für labile Menschen ist es unabdingbar, zur Unterstützung ihres seelischen

Pegels ein tragfähiges Netzwerk an seelischen Quellen aufzubauen, auf das jederzeit zurückgegriffen werden kann. Nur der wirklich Betroffene kann ermessen, was es bedeutet, in einem andauernden seelischen Defizit leben zu müssen und dadurch über nur geringe Reserven an seelischer Energie und damit wenig Resilienz zu verfügen. Ein starker seelischer Verlust durch einen hoch belastenden Schicksalsschlag kann dann ungebremst an die seelische Untergrenze führen, dort Angst, Panik und sogar den Impuls zur Selbstzerstörung auslösen und jeden Einfluss von Verstand und Vernunft zunichtemachen. Derjenige ist dann im Vorteil, der schnell auf Mechanismen zugreifen kann, die den seelischen Einbruch wieder ausgleichen. Beispielsweise in einen festen Glauben eingebettet, können manche den plötzlichen Niedergang noch im gleichen Moment dadurch auffangen, dass sie von der Gewissheit ausgehen, auch der schlimmste Schicksalsschlag hätte einen Sinn und alles würde wieder gut.

Hoher seelischer Pegel
Reisen
Rasen
Terror
Macht
Süßes
Meditation
Glaube
Esoterik
Niedriger seelischer Pegel

Reaktionen

Erstarren

Welche Möglichkeiten als dein Algorithmus habe ich denn, mit der großen Flut der Stresshormone umzugehen, die schnell wie ein Tsunami über mich kommt und mein System sofort überlastet? Ich mache alle Schotten dicht wie ein überrannter Server und stelle mich tot; das klassische Vogel-Strauß-Verhalten: Was ich nicht sehe, ist auch nicht da und kann mir nichts anhaben. Einfach den Kopf in den Sand stecken, stillhalten und ja nichts denken oder tun. Business as usual.

Der Vorteil: kein Input, keine Herausforderung, kein Energieeinsatz, keine Verantwortung; sollen doch die anderen machen, ich bin raus. Dann darf man allerdings nicht rumjammern, wenn die anderen tatsächlich machen.

Kapitulation

Kein Adrenalin, kein Überlebenswille: ich als dein Algorithmus strecke bereits im Vorfeld einfach die Waffen vor der Herausforderung. Du gibst dann alle Mittel aus der Hand und alle Fehler zu, ob du sie nun gemacht hast oder nicht, Hauptsache keine Konfrontation.

Das ist einfach, doch letztlich ist die Auseinandersetzung zwar vermieden, aber du bist dabei der Willkür der anderen ausgesetzt und ich, dein Algorithmus, muss in Zukunft mit den Brosamen auskommen, die vom Tisch jener fallen, die klare Ziele verfolgen, die vorausgeschaut, sich vorbereitet und ihre Handlungsfähigkeit bewahrt oder dich durch überlegene Aggression in ihre Gewalt gebracht haben.

Flucht

Es besteht ein erheblicher Pegel an Stresshormonen, aber nicht genügend Power und Zutrauen für eine frontale Auseinandersetzung – wie früher die Germanen gegen die Römer; höchstens noch hintenrum mit Partisanen-Taktik. Eigentlich feige, aber wenn nichts anderes mehr bleibt? Du nützt deine verfügbare Energie, um in ein anderes System zu wechseln, vielleicht ziehst du dich in eine Großfamilie mit für dich vorteilhafteren Regeln zurück, flüchtest dich in eine mehr oder weniger abgeschottete Gemeinschaft mit für deinen momentanen seelischen Zustand besseren Rahmenbedingungen oder niedrigeren Anforderungen, denen du dich in deinem defizitären Zustand gewachsen fühlst.

Auch *zurück zu den Wurzeln* mit einer Flucht aufs Land mit eigenem Gemüsegarten und ein paar Hühnern und Gänsen käme infrage und würde dir einen gewissen Schutz vor dem dich überfordernden gegenwärtigen System von Macht und Abhängigkeit bieten.

Ein gewisses Risiko birgt die Version *Flucht* allerdings: Wenn du bei *neuen Freunden* Unterschlupf findest, darfst du dich nicht wundern, wenn diese dich eventuell geringschätzen, in ihr System pressen oder als finanzielle Milchkuh betrachten. Da du im Stress deiner Flucht keinen vernünftigen Gedanken fassen kannst, ist es oft dem Schicksal überlassen, wer dich als willfähriges Treibholz schließlich an Land zieht: Eine scientologische Organisation, eine esoterische Gemeinschaft oder irgendwelche Zeugen von irgendwas wären da keine Überraschung.

Aggression

Knackige Überreaktion durch handfeste Aggression: Auch in Friedenszeiten bereits auf Krawall gebürstet, bietet es sich bei grenzwertigem seelischem Pegel und auflaufender Adrenalin-Überschwemmung für einen richtigen Cowboy-Algorithmus geradezu an, in den Wild-West-Modus zu schalten und mit schnellem Colt alles um sich herum niederzumähen: *Endlich wieder Luft zum Atmen.* Am liebsten würde ich als dein mit Adrenalin satt hochgepuschter Algorithmus bei so einer Gelegenheit die ganze Mischpoke, die mich mit Dilettantismus, Beschränkungen und Freiheitsberaubungen zur Weißglut treibt, an die Wand nageln.

Doch warum, muss ich mich dann fragen, habe ich es zugelassen, seelisch so tief abzusinken, dass mein Lappenfreund nebst Verstand aufgeben musste und die Aggressionen freie Bahn haben? Warum war ich nicht fähig, früh genug für seelische Einkünfte zu sorgen? Es ist nicht gerade intelligent, einen absehbaren Niedergang so sehr aus dem Ruder laufen zu lassen, um dann in Panik Fehler um Fehler zu machen. Aber es ist so, wie es ist: Meine schon lange überholte Programmierung, nämlich gerade dann den Vorderlappen abzuschalten, wenn er am meisten benötigt wird, begünstigt eben klassisches Fehlverhalten: Aussitzen bis zur Krise und dann in Panik ausbrechen. So haben auch manche *Führungskräfte* Intelligenz und effizienten Einsatz von zu kleinem Tellerchen gelöffelt: Abgasskandale, Energiewende, Klimawandel oder Pandemien verschleppen, Migranten, Altersversorgung, Euro, Flughafen … eine endlose Liste reichlich suboptimalen Vorgehens lässt sich jederzeit zusammenstellen. Dilettantismus als Normalfall – liegt wohl an der falschen Auslese. Ist das ein Beweis des Peter-Prinzips? Aufsteigen bis zur Inkompetenz? Wer zahlt für den Flurschaden? Mit Geld, dem Gefühl der Unsicherheit und Enttäuschung? Die Schäfchen natürlich, wer denn sonst!

Burn-out und Depression

Burn-out und Depression – eine Abgrenzung gilt als schwierig – sind ernst zu nehmende *Krankheiten* in dem Sinne, dass der seelische Pegel nun unter einen kritischen Minimalpegel gefallen ist und der Algorithmus möglicherweise die Selbstzerstörung einleitet. Eine spontane Gesundung ist zwar nicht ausgeschlossen, aber es ist auf jeden Fall mit selbstverletzendem Verhalten und im schlimmsten Fall mit Suizid zu rechnen.

Zu wenig der seelischen Zuflüsse, zu viel der Abflüsse durch erfolglose Investitionen haben das seelische Konto geleert. Es ist nicht der Arbeitsplatz allein oder die private Situation, die zum grenzwertigen Defizit geführt hat: Das ganze System zur Gewinnung seelischer Energie hat nicht genügend eingebracht.

Der seelische Gewinn am Arbeitsplatz erwächst im Wesentlichen aus der erfolgreichen Arbeit selbst, aber auch aus dem guten sozialen Umgang mit den Kollegen. Dabei gibt es viele Konstellationen, die den Gewinn an seelischer Energie stark einschränken können: Ein fähiger Vorgesetzter beispielsweise lässt Spielräume für das Engagement der Mitarbeiter selbst, zeigt Führungsstärke durch konsequente und nachvollziehbare Entscheidungen, analysiert Fehler und meidet unnötige emotionale Ausbrüche. Er hat die Zukunft im Blick. Im Falle nicht optimaler Ergebnisse handelt er zielgerecht und lösungsorientiert und stärkt bei offensichtlichen Fehlern seinen Untergebenen den Rücken, um aus diesen Fehlern zu lernen. Da Vorgesetzte und Untergebene gleichermaßen sehr unterschiedlich ausgelegt sind, kann bei diesen Abläufen viel schieflaufen: Führungsschwäche auf der einen, Unzuverlässigkeit und mangelndes Engagement auf der Seite der Mitarbeiter zum Beispiel. Kurzum, gerade bei schlechter Führung wird der seelische Ertrag weit unter Optimum bleiben, vielleicht nicht einmal den erbrachten Aufwand rechtfertigen. Soziale Spannungen senken den seelischen Ertrag zusätzlich. Wenn es schlecht läuft, bringt der Arbeitsplatz keinen seelischen Gewinn, sondern ist ein Zuschussgeschäft mit Frust und Demotivation. Eine Säule dieser Art trägt nicht. Es wäre viel verlangt, mit Begeisterung eine Aufgabe angehen zu sollen, für die man keine Unterstützung und schon gar keine Anerkennung erwarten, nicht einmal einen Sinn darin erkennen kann und man womöglich sogar damit rechnen muss, dass ein unwissender, gleichgültiger oder egoistischer Vorgesetzter einen als Bauernopfer vorschiebt. Unfähig agierende Machthierarchien mit fachlicher und sozialer Führungsschwäche tragen wesentlich zu beruflichen Problemen wie zu niedrigen seelischen Einkünften, Demotivation und folgendem Burn-out bei.

Und zu Hause? Womöglich ein unzufriedener Partner mit anderen Vorstellungen von Lebensführung und Erziehung, aufmüpfige Kinder, keine Entspannung in Sicht, geschweige denn Erfolgserlebnisse? Da frage ich dich: Wo sollen denn die Einkünfte herkommen, die das seelische Konto oben halten, wenn es überall nur Abflüsse gibt? Beruf, Beziehung, häusliche Situation, Freunde, Verein … Man kann nicht alle einzeln für den seelischen Niedergang verantwortlich machen, es kommt auf die Summe der Wertigkeiten aller Quellen an.

Du kannst am Arbeitsplatz enorme Belastungen verkraften, dich mit aller Energie reinhängen und seelische Energie in Fülle daraus schöpfen, solange deine Familie dir den Rücken freihält. Leidet jedoch dein Privatleben und brechen dir dort die seelischen Einkünfte weg, fehlt dir diese Energie am Arbeitsplatz. Und wenn du da überfordert bist, trägst du dieses Defizit mit nach Hause und verschlimmerst die Situation noch mehr, wirst unausstehlich und mit weiter sinkendem Pegel schließlich aggressiv. Eine Abwärtsspirale nimmt ihren Lauf. Nicht mal mehr zum richtig abfeiern bleibt dann noch genügend Energie und schon gar keine, um das Ruder wieder herumzureißen. Erstarrt und hilflos muss ich dann als dein verantwortlicher Algorithmus zuschauen, wie sich dein seelisches Konto weiter leert und das Lebenselixier *seelische Energie* uns beiden durch die Finger rinnt.

Am *Point of no Return*, dem Minimalpegel angekommen, endet meine reguläre Tätigkeit als Algorithmus, dann bricht mein Regelsystem zusammen und es geht weiter abwärts. Noch kurz vor der kritischen Grenze schicke ich dir spontane Impulse: Nichts wie weg, ans Meer, raus in die Natur, in eine neue Umgebung. Ich setze mich beziehungsweise uns ins Auto und wir lassen alles hinter uns, das uns *kaputtmacht*, Hauptsache es geschieht irgendetwas, das seelische Energie bringt. Ausbüxen? Mit vollem Risiko? In die Einsamkeit der Natur, um dich zu erden, oder doch lieber mit der *Harley* auf der *Route 66* wie *Easy Rider*? Im Film haben die aber auch nicht gerade hoffnungsvoll geendet.

Ist der Minimalpegel unterschritten, sinkt die Menge an Optionen und Drogen kommen ins Spiel. Schon immer gab es in der Menschheitsgeschichte Drogen, weiche und harte, Nikotin, Alkohol, Marihuana – was auch immer. Sie dienen als Scheinbelohnungen: Substanzen, die eine Belohnung lediglich vorspiegeln. Anstelle meiner ehrlich verdienten Belohnungssubstanzen docken nun Drogen an den gleichen Rezeptoren als schnöde Belohnungssimulanten an. Aber was solls? Hauptsache der seelische Pegel wird schnell wieder hochgepuscht, ob nun echt oder gefälscht. Risiken sind mir in so einer Situation schnuppe – was bleibt mir denn noch? Sogar mich, deinen Algorithmus, erfasst an der Grenze zur Depression nämlich die Panik, daher ist es mir in so einem Moment so was von egal, wo die Zuflüsse herkommen, Hauptsache, ich kriege genug seelisches Kapital für mein Weiterleben zusammen! Praktisch jedes Risiko muss ich in Kauf nehmen: Im äußersten Defizit bin ich mir auch nicht zu schade, Anleihen von fraglichen Genossen in Anspruch zu nehmen, z. B. von den Scientologen oder ähnlichen Organisationen, denn so richtig in die Enge getrieben wird sich mancher Algorithmus sagen: *Egal, warum nicht?* Gurus, Kristalle, Engel, gebündelte Energie aus dem Universum … in der Not greife ich nach jedem Strohhalm, der sich mir bietet oder den ich mir einbilde, es ist schließlich gerade *Land unter.* In die Depression zu fallen ist eine andauernde Folter; ich als dein Algorithmus habe dann keine Energie mehr für irgendwas.

Eine Frau erzählte freimütig von sich Folgendes: Sie hatte eine Depression, die es ihr schier unmöglich machte, auch nur aus dem Bett zu kommen und schon gar nicht ins Freie zu gehen. Nur im Auto neben der Eingangstür konnte sie außerhalb ihrer Wohnung seelisch existieren, der kurze Weg zum Auto war eine Tortur. Zwar konnte sie ziellos herumfahren, aber die Energie reichte nicht, um auszusteigen und auch nur einen einzigen Schritt in die feindliche Umwelt zu machen. Mit letzter Energie gegen ihre mentale Lähmung kämpfend brachte sie es schließlich fertig, irgendwo die Autotür zu öffnen und einen Fuß kurz auf den Boden zu setzen, ihn schnell wieder zurückzuziehen und die Autotür wieder zu schließen. Tage hat es sie gekostet, die bewusste Herkulestat zu vollbringen, einmal ganz auszusteigen und einen einzigen Schritt zu machen. Dann schnell wieder zurück ins Auto. Eines Tages zwei Schritte das Auto entlang, dann drei, dann vier. Im wahrsten Sinn des Wortes kämpfte sie sich Schritt für Schritt ins Leben zurück. Kaum vorstellbar.

Ich als dein Algorithmus habe in so einer Situation natürlich längst bemerkt, dass es mit dir seelisch abwärts geht. Ich mache ja sowieso dauernd Inventur und Kassenprüfung und lasse dich deinen seelischen Zustand von wohligem Kribbeln im Bauch bis hin zu einem flauen Gefühl im Magen, notfalls auch Ängste spüren. Aber wenn du auf nichts davon reagierst und ich es aus irgendwelchen Gründen nicht wage, dir den Ernst der Lage nachdrücklich genug nahe zu bringen, oder zu lange denke, dass es von alleine besser wird, dann kann es halt doch zur Depression kommen. Der Abstieg ist mitunter so verdammt schleichend, dass wir uns beide an die Rutschbahn nach unten gewöhnt haben, uns zwar schon eine ganze Weile schlecht fühlen, aber mangels seelischer Energie nichts dagegen unternehmen können. Und je schlechter es dann läuft, desto mehr nehmen wir passiv und klaglos alles in Kauf bis zum bitteren Ende im tiefsten seelischen Keller. Ich muss da grundfalsch programmiert sein.

Wie auch immer, eigentlich endet am seelischen Minimalpegel meine Tätigkeit. Ab jetzt nimmt mir die Natur als Türsteher zur Depression die Zuständigkeit konsequent aus der Hand und versucht, mich zum bloßen Befehlsempfänger zu degradieren. Der Befehl lautet fatalerweise *Selbstzerstörung*. Vermutlich ist das eine pragmatische Lösung der Natur, wenn keine ausreichende Aussicht auf Wiederherstellung des seelischen Pegels mehr besteht: eine *biologische Investition*, die sich nicht lohnt, einfach abzuschalten. Da der eigene Vorderlappen keinen Einfluss mehr ausüben und schon gar nicht das Ruder noch herumreißen kann, bleibt nur noch übrig, dass spätestens jetzt das soziale Umfeld eingreift und die Dinge in die Hand nimmt. Es besteht dann akute Suizid-Gefahr mit dem Erfordernis, schnellstens psychologische Hilfe in Anspruch zu nehmen. In der Regel werden Psychopharmaka verschrieben, die praktisch alle auf dem gleichen Prinzip beruhen, nämlich direkt oder indirekt den Pegel an Serotonin anzuheben, einer eher mittelfristig wirkenden Belohnungssubstanz. Nachteil ist, dass die Wirkung sehr individuell und oft mit Verzögerung eintritt, ein erheblicher Teil der Patienten gar nicht auf die Gabe anspricht und der Rest reichlich unterschiedlich reagiert. Oft ist die Wirkung nicht besser als ein

Placebo, ganz abgesehen von den Nebenwirkungen. Wie auch immer, schnelle professionelle Hilfe bei Gefahr im Verzug ist unabdingbar.

Das heilende Dorf

Psychopharmaka mögen für den Moment der seelischen Krise unabdingbar sein, aber als Dauerlösung? Dann lieber eine Therapie. Ein mehrwöchiger Aufenthalt in einer psychosomatischen Klinik als *geschütztem Raum* mit rundum bester Versorgung und Behandlung hört sich zwar gut an und kann die labile Seele wieder stabilisieren, aber wäre es nicht schön, einen stetigen Übergang zum normalen Leben zu finden? In ein anderes Leben mit neuen Strukturen und Wertigkeiten, damit wieder mehr seelische Energie zufließen kann? Auch gut für die vielen, die ganz auf sich gestellt seelisch bereits hart an der Grenze zum Burn-out dahinleben.

Was kann man tun? Denkbar wäre eine breiter angelegte Institution des Übergangs von der Klinik ins normale Leben zu schaffen, eine Art *heilendes Dorf,* eine Verschmelzung aus Bereichen, die wie früher eher einfache körperliche Tätigkeiten bieten aber auch moderne Möglichkeiten eröffnen, bis hin zu Handy- und Computerkursen; günstig in der freien Natur gelegen, z. B. am Waldrand, an einem See oder Fluss, dem Element Wasser jedenfalls. Leichte Anhöhen wären auch nicht schlecht, für Aussicht und Bewegung. Es gibt bereits Schritte in diese Richtung wie das *Dorf für Vergessliche,* ein Lebensraum für demente Menschen.[18]

In die Dorfmitte käme dann die psychosomatische Klinik für die behandlungsbedürftigen Fälle, der auch die Nachsorge und Koordination des Ganzen obliegt. Nahe dabei ein Kloster und eine Kirche, ein paar Bauernhöfe. Handwerksbetriebe, Schuster, Schreiner, was auch immer. Märkte, Läden, Sportmöglichkeiten, Treffpunkte, Bars, Festivitäten aller Art. Möglichkeiten von althergebracht bis modern, ähnlich einem großen Ferienlager.

Das Einfachste wäre, ein geeignetes, schon bestehendes Dorf in diesem Sinne auszubauen, mit der Möglichkeit zur Ausübung elementarer aber auch fortgeschrittener Tätigkeiten. Eine anspruchsvolle Aufgabe für Planer.

Was soll dieses Dorf bewirken? Nun, da kommt einer frisch aus der Klinik und will oder kann nicht gleich wieder in sein altes Leben zurück, das ihn krank gemacht hat. Als Großstadtmensch bucht er nach Empfehlung oder eigenem Wunsch, seinem seelischen Status und dem was er sich zutraut entsprechend, z. B. einen Aufenthalt *Bauernhof* mit der Versorgung von Hühnern, Gänsen, Ziegen, Pferden. Er wohnt sehr einfach zusammen mit Gleichgesinnten, aber auch *normalen* Gästen in bäuerlicher Umgebung. In der Küche treffen sich alle, dort wird gekocht und gegessen. Es gibt eine ganze Menge recht einfacher Dinge zu tun: Jeder hat nun die Wahl, ob er Holz hacken, die Gänse füttern, in guter Gesellschaft Gemüse anbauen, des Abends Socken stopfen, Deckchen sticken oder auch nur am Wasser oder im Wald reflektiv seine Zeit verbringen will. Einschlägige Vorträge und Events bis hin zu Frohsinn und Tanz runden den Tag ab. Es ist auch möglich, die Anfänge eines Handwerks zu erlernen oder sich als Barkeeper zu betätigen, einmal ganz andere Facetten von sich selbst kennenzulernen, besonders wenn man bislang an sich selbst vorbeigelebt und nur die Wünsche anderer erfüllt hat. Von ganz einfachen bis hin zu eher anspruchsvollen Tätigkeiten sind alle Übergänge möglich. Diese selbstbestimmte Lebensweise soll eine höchst individuelle und gleitende Rückkehr ins normale Leben oder sogar ein *zweites Leben* ermöglichen. Der intensive Kontakt mit Tieren und Pflanzen erweitert das darniederliegende

Bewusstsein für die Natur und die Erkenntnis, selbst ein Teil derselben zu sein.

Das *heilende Dorf* kann auch von Menschen in Anspruch genommen werden, die behindert sind oder sich präventiv vor dem weiteren seelischen Niedergang schützen wollen. Sogar ein alternativer Urlaub zur Neuorientierung wäre dort denkbar. Die Durchmischung von Menschen in unterschiedlicher seelischer Lage begünstigt ein vertieftes Bewusstsein für den sozialen Umgang miteinander und der Natur.

Wie es viele schon tun, könnte man dieser Vorgehensweise auch ohne Dorf im Alltag folgen, indem man soziale Dienste übernimmt, sich mit der Natur beschäftigt, sich mehr der Familie zuwendet und dergleichen, doch steht im seelischen Mangel wenig Energie zur Verfügung und es ist wie z. B. bei der Gewichtsabnahme für den Einzelnen nicht leicht, die nötige Disziplin und Konsequenz aufzubringen.

Zugegeben, ein bisschen Wolkenkuckucksheim, viel zu organisieren und zu finanzieren, aber welche Optionen gäbe es sonst noch? Bei der wachsenden Zahl psychischer Probleme? Noch mehr Kliniken? Oder lieber gleich einem amerikanischen Trend folgen und seinen seelischen Haushalt schließlich mit der täglichen Einnahme von Drogen bestreiten?

Dies wäre eine Ergänzung zum jetzigen doch sehr dezentralen System, bei dem jeder Betroffene selbst schauen muss, wo er bleibt, wann er Termine bekommt und wie ihm nach der Klinik die Rückkehr ins normale Leben gelingt.

Geistige Flughöhe

Ich bin zwar nur ein Algorithmus, der wie jeder andere meiner Art sein Bestes tut, um dich Mensch als meinen Träger so gut wie möglich durchs Leben zu manövrieren, aber leider – und ich sage das nur ungern – stoße ich dabei allzu oft an deine geistigen Grenzen; viel zu schnell, wie ich meine. Das wundert mich etwas, da ja dieser respektgebietende Stirnlappen mit Verstand und Vernunft besonders flexible Werkzeuge bereitstellt, die nicht wie ich selbst fest programmiert sind, sondern für beliebige Aufgaben herangezogen werden können.

Bei meinen Streifzügen auf der Suche nach zu lösenden Problemen verschlägt es mich zuweilen aus purem Zufall und einem kleinen bisschen Neugier auch in den Teil des Gehirns, wo der mir neuerdings eng befreundete Stirnlappen Wohnung bezogen hat und eigentlich versuchen müsste, Vernunft, Übersicht und langfristiges Denken in meine eher automatischen Rechenvorgänge einzuschleusen. Da sonst nichts los ist, denke ich daran, einen Antrittsbesuch zu machen. Die Tür zum Verstand ist nur angelehnt, ich also rein, aber keiner scheint zu Hause zu sein. Ich schaue mich um, das Parterre ist echt schön eingerichtet – sogar mit mentaler Küche, wegen der geistigen Nahrung. Geschmack hat der Verstand schon. Ich also die Treppe rauf und gucke, aber wo ist er denn, der Verstand? Dort oben ist es übrigens noch angenehmer, sogar mit Balkon und Aussicht, nur ist leider gerade keiner da. Da meine ich, irgendetwas von unten herauf gehört zu haben, und begebe mich in den Keller. Und da: Welch bedauernswerter Anblick! Der Verstand hockt auf einem kleinen Schemel, mit einer großen Eisenkugel am Bein. Damit kommt er nie und nimmer auch nur bis ins Parterre, geschweige denn eine Treppe höher mit der schönen Aussicht nach noch Höherem. »Wie das?«, frage ich. Und da bricht es aus ihm heraus: »Du mit deiner blöden Sparerei! Bloß weil mein Server so viel Rechenenergie verbraucht, muss ich hier im Keller sitzen und darf nicht rauf auf die höheren Etagen!«

Auweia! Das hatte ich ganz vergessen. Ich müsste ihm doch mehr Freiheit lassen, jetzt, da wir befreundet sind. Also weg mit der Eisenkugel. Ich darf zukünftig bei mauem seelischem Pegel den Verstand nicht mehr reflexhaft ins Kellerverlies verbannen, der kommt sonst aus der Übung und zudem soll er ja neuerdings zu einem besseren Verhalten meinerseits beitragen – mit Überblick, dem Erkennen von Zusammenhängen, dem Verstehen von Abläufen und der Fähigkeit, auf ungute Entwicklungen durch strukturierte Vorgehensweise vorausschauend zu reagieren.

Aber wie soll das gehen? Wie mache ich das? Wie kriege ich den Lappen wenigstens ein bisschen die mentale Treppe hoch? Na ja, einfach Stufe für Stufe … Vielleicht auch Stüfchen für Stüfchen. Will sagen, ich als dein Algorithmus tue seit Neuestem wirklich alles, was meinem Lappen mehr Bewusstheit und Überblick verschaffen könnte, wobei ich selbst vor der größten Anforderung ever stehe, nämlich meinem Lappen mehr zuzutrauen, ihn bei meinen Entscheidungen viel früher zu beteiligen und ihn vor allem nicht bei jeder emotional aufwühlenden Kleinigkeit vorschnell aus dem Verkehr zu ziehen. Wäre einfach toll, so eine Zusammenarbeit, irgendwie professionell und lösungsorientiert. Zu schön, um wahr zu sein! Ich habe mich nämlich bei anderen Algorithmen mal umgehört und erfahren, dass die Lappen von recht vielen gerne im Keller sitzen bleiben und sich nicht anstrengen wollen, die Treppe hochzusteigen. Höchstens noch ins Parterre, weil es da was zu essen gibt, mental flache Küche eben – Medien, Serien, was weiß ich?

Da habe ich eine Vision: Könnten nicht mehr Menschen wenigstens die Treppe zum ersten mentalen Stock hochsteigen? Und wenn sie mental Feuer gefangen haben, sogar in den zweiten? Am liebsten würde ich noch aufstocken, von mir aus gibt es nach oben keine Grenze. Welch herrliche Aussicht muss es von da oben geben! Welch menschliches und zugleich vernünftiges Verhalten! Aber die wenigsten wollen oder können aus dem Keller. Es ist zum aus der Haut fahren! Langsam dämmert es mir: Das ist die begrenzende Achillesferse des Menschengeschlechts; die Denke ist zu kellermäßig, zu einfach, zu kurzsichtig, zu unklug. In Wirklichkeit ist doch aber gar nicht alles sooo komplex, die allermeisten verstehen nur nicht, was läuft, und sind zu bequem, es überhaupt verstehen zu wollen. Es ist einfach zu lästig, es geistig zu erarbeiten.

Okay, okay, ich bin ja selber schuld. Ich bin halt aus Bequemlichkeit zum *Gut-Algorithmus* geschrumpft, zum Weichei geworden und unehrlich vor lauter falscher Rücksichtnahme. Zudem geht das meiste doch auch ohne lästige Denkarbeit. Und was darüber hinausgeht, das übernehme ich einfach so aus den Medien. Die werden schon recht haben. Es wird Zeit, dass ich endlich Stellung beziehe und dir das ungeschminkt vor den Latz knalle: *Du Mensch bist nicht nur unklug, du merkst es nicht einmal!* Das, genau das müsste ich dir sagen. – Müsste ich … Aber wie denn? Um dich das erkennen zu lassen, müsste sich dein Lappen ja aus dem mentalen Keller mindestens in die erste Etage bemühen, wo wir beide sozusagen *von oben herab* in Selbstreflexion dir dein dilettantisches Tun und die versäumten grandiosen Möglichkeiten dies zu verbessern vor Augen führen könnte. Aber wenn die Treppe steil und im ersten Stock niemand ist? Das zeigt sich in Begriffsstutzigkeit und Arroganz. Hoch erhobenen Hauptes kommst du Mensch daher und fühlst dich mental großartig. Die Möglichkeit, dass da maßlose Selbstüberschätzung am Werk ist, kommt dir gar nicht erst in den Sinn, tatsächlich aber geht dein Denken über den Keller nicht hinaus und verwehrt es dir, wegen mangelnder Selbstreflexion deine Grenzen überhaupt zu erkennen.

Ein Beispiel: Um dein Auto instand zu halten ist nur wenig geistige Flughöhe erforderlich. Das mache ich, als dein allzeit bereiter Algorithmus, mit links: Werkstatt, tanken, waschen und so. Da brauchst du nicht viel zu denken und der mentale Keller reicht völlig. Willst du aber einen neuen Wagen aussuchen, musst du in deinem Gehirn die Treppe rauf, eine Etage höher, und deinen Verstand einsetzen, weil du erst von einer höheren Warte den Überblick über mehrere Autos hast und sie vergleichen kannst. Um Umweltaspekte zu berücksichtigen, geht es in deinem Vorderlappen noch eine Etage höher, dort hast du dann die Autos und ihre Auswirkungen auf die Umwelt gleichzeitig im Blick.

Je höher die Schicht deiner neuronalen Netze, auf der du denkst, desto mehr Bewusstheit und Übersicht hast du und desto komplexere Fragestellungen kannst du überblicken, verstehen und lösen. Wie andere Begabungen auch ist die Fähigkeit, über höhere Denkebenen zu verfügen, von Mensch zu Mensch verschieden, zudem kostet es mich gleich eimerweise seelische Energie, diese hochwertigen Ebenen des Lappens in Anspruch zu nehmen, selbst wenn ich diese nur für kurze Zeit anmiete. Dass das langfristig gesehen enorm Energie spart, habe ich in solchen Momenten absolut nicht auf dem Schirm, ich bin schließlich auf Kurzfristiges optimiert. Also kann ich mir als wirtschaftlich orientierter Algorithmus solche Sperenzien mit dem Lappen nur leisten, wenn ich mit einem wohlgefüllten Seelenkonto aus dem Vollen schöpfen kann. Bei niedrigem seelischem Pegel und entsprechendem Stress bleibt hingegen keine Energie für hochwertiges Denken. Dann reicht es nicht einmal dazu, ein paar einfache Dinge miteinander in Beziehung zu setzen.

Auweia! Da habe ich mich aber übel verheddert! Bin ich es als geschäftsführender Algorithmus nicht selbst, der dem Lappen die Energie nimmt? Der ihn bei der geringsten Verunsicherung abschaltet und in den mentalen Keller verbannt? Also liegt es an mir, Wege zu finden, den Lappen als meine Speerspitze stärker zu beteiligen, auch dann, wenn Probleme auf den Plan treten. Eigentlich gerade dann wäre der Lappen sogar zu größtem Nutzen, orientiert er sich doch an Fakten und nicht wie ich an Ängsten. Vielleicht muss ich sogar noch weiter gehen und den ehedem herumgeschubsten Lappen an meiner täglichen Regierungstätigkeit beteiligen. Ich könnte da auch einen Teil meiner Verantwortung abgeben ... Mal sehen, was der Lappen da selbst für Vorstellungen hat.

Da ich als kreativer Algorithmus auch gerne mal so intuitiv wie neugierig herumspinne, formt sich da lose ein Gedanke, wie es über meine Fähigkeiten hinaus überhaupt zur einem Bewusstsein beim Menschen gekommen sein könnte:

Ich stelle mir einfach vor, was passieren würde, wenn der Stirnlappen mit seinem Verstand nicht nur zwei oder drei Etagen die mentale Treppe hochsteigen würde, wo er einen Großteil der sein Verhalten bestimmenden Faktoren bereits überblicken könnte, sondern noch ein paar Stockwerke höher. Irgendwann könnte er immer mehr Sachverhalte zugleich wahrnehmen, sich eines Tages sogar über sich selbst erheben und sein eigenes Verhalten bewusst beobachten. Da die besonders hohen geistigen Etagen aber ganz unmäßig viel seelische Energie verbrauchen, kann ich als dauernd zum Sparen verpflichteter Algorithmus Selbstreflexion höchstens in Ausnahmefällen besonders guten seelischen Kontostandes betreiben. Im Normalfall des täglichen Ringens um seelische Einkünfte, geschweige denn im seelischen Defizit ist es mir geradezu verboten, meine Energie für Sebstbetrachtungen zu verschwenden. Daher ist es wenig wahrscheinlich, dass es einmal zum bewussten Überdenken der eigenen Lebensführung kommt.

Wie auch immer ist es ein gutes Gefühl zu wissen, zu welch geistigen Großtaten der Vorderlappen fähig wäre, wenn ich ihm nur genügend Energie dazu liefern würde.

Die mentale Treppe rauf

Schließlich haben wir uns tatsächlich mal zusammengesetzt – mit einem Meter fünfzig Abstand und Gesichtsmaske, nur für alle Fälle. Und ich war verblüfft, wie gut man mit dem Lappen reden kann: Wo ich schon längst emotional ins Kippen käme, bleibt der cool und vernünftig, manchmal bin ich sogar ein bisschen neidisch auf seine Vernunft, denn die ist einfach besser als meine allzu schnelle Hysterie.

Der Lappen schlägt vor, das Tagesgeschäft nicht mehr nur auf Autopilot abzuwickeln, sondern ihn von Anfang an einzubeziehen. Das hätte den Vorteil, dass unter seiner Mitwirkung erst gar nicht so viele Krisen auftreten, die mich als Algorithmus in Panik versetzen und den Lappen in den Keller verbannen. Wenn nicht mehr so viel schiefläuft, steigt der seelische Pegel und mein algorithmisches Dasein fühlt sich weit kommoder an. Der Lappen würde für mehr Bewusstheit und Achtsamkeit für die Realität sorgen und damit das doch ohnehin fragliche Photoshoppen meinerseits eines Tages sogar überflüssig machen. Welch tolle Aussicht, mit dieser doofen Verfälschung der Wirklichkeit aufhören zu können, die doch immer das Risiko beinhaltet, dass ein besonders kluger Fremd-Lappen einem auf die Schliche kommt!

Das würde bedeuten, dass der Lappen Wohnung im hellen mentalen Parterre bezieht, mit der Option, sich ganz nach Wunsch auch auf höheren mentalen Ebenen bis hinauf zum Penthaus aufhalten zu können. Ich muss schon sagen, das ist eine bisher für mich völlig illusorische Vorstellung. – Es werde Licht!

Relativieren

Dinge relativieren zu können, verschiedene Gesichtspunkte nicht nur jeden für sich und nebeneinandergestellt, sondern im Verhältnis zum großen Ganzen im Blick zu haben, dafür habe ich ja die Vernunft und Geistesschärfe meines nunmehr befreundeten Vorderlappens. Bei geringem seelischem Pegel ist mir dieser Leiharbeiter aber viel zu teuer und ich mache die Chose eben so einfach wie möglich.

Ein Beispiel: Theo führt seine neue Liebe ins Theater aus. Lea ist süß anzuschauen in ihrem langen Kleid, den Pumps mit den hohen Absätzen, ihrem fließenden langen Haar. Direkt unter dem Theater ist das Parkhaus, aber Theo sind die vier Euro zu teuer, lieber kreist er minutenlang um den Block und findet triumphierend einen kostenlosen Parkplatz, gut fünf Minuten zu Fuß vom Theater. Es nieselt und ist windig. Pumps und Regen? Frisur und Wind? Die Stimmung ist dahin. Die Theaterkarten haben siebzig Euro gekostet. Meine Meinung: Nur ein Schwachsinniger kann auf die Idee kommen, wegen eingesparter vier Euro den ganzen Abend zu ruinieren. Aber Theos Lappen bringt es einfach nicht fertig, aus seinem geistigen Keller zu steigen. Parterre hätte schon genügt, um leicht und fluffig die vier Euro Parkgebühr ins Verhältnis zu den siebzig Euro für die Karten und noch viel mehr für den Wert eines schönen Abends mit Lea zu setzen, aber stattdessen ist er an seiner geizigen Keller-Ideologie gescheitert. Aber nicht nur …

Versuchen wir, Theo zu verstehen: Er war an diesem Abend vom Tagewerk gestresst und seelisch down. Ach ja, da war auch noch Theos Grundprinzip im Wege, fürs Parken prinzipiell nichts zahlen zu wollen. Was sollte sein Algorithmus mit einer solch ideologischen Vorgabe aus dem Tiefkeller seines Lappens denn da anderes machen? Dann noch die gemauerte Geiz-Ideologie. Klar dass das nichts wird und die Zukunft auf der Strecke bleibt. Selbst Lea zuliebe konnte er sich nicht aufschwingen, Ideologie und Geiz zu überwinden. Stattdessen ist er mit Wucht gegen seine mentale Begrenzung gestoßen und hat mit Tunnelblick auf die Parkgebühren nicht darüber hinausgedacht. Lea aber hat aus diesem Vorfall die richtigen Schlüsse für sich gezogen.

Was mich total erschüttert und mich als dein Algorithmus immer wieder zutiefst irritiert, ist die Erfahrung, dass auch eine noch so unvernünftige Grundhaltung keinerlei Argumentation zugänglich ist. Da kannst du sagen, was du willst, aber gegen Ideologie, betonierten Geiz oder mentale Beschränktheit mit einem gehörigen Schuss unsozialer Haltung hast du keine Chance. Und ein hoher Bildungsstand macht die Sache auch nicht besser, denn dann tritt zur Unfähigkeit, umfassend zu denken, auch noch die Fertigkeit, sich besonders eloquent herauszureden.

Schubladendenken und Ideologie

Was wird mir, deinem Algorithmus, nicht alles zugemutet! Hier schreit einer und dort klemmt's! Ich soll überall gleichzeitig sein, jeden *Hafenkäs'* berücksichtigen und aus diesem Wirrwarr ein einigermaßen passendes Verhalten zusammenkleistern. Dabei ist alles ständig im Fluss, nichts bleibt auch nur für einen einzigen Augenblick so, wie es ist, jeder meiner Rechenzyklen ergibt etwas Neues. Je mehr Argumente ich einkalkulieren soll, desto mehr muss ich den Lappen in Anspruch nehmen, aber bis der aus dem geistigen Keller auch nur die Treppe rauf bis ins Parterre kommt, ist er schon ganz außer Puste und frisst mir dann auch noch meine wertvolle seelische Energie weg, als gäbe es kein Morgen.

Was mache ich also um verantwortungsvoll mit meiner Energie umzugehen? In einem ersten Schritt ordne ich meine mir zu komplex erscheinende Realität in einzelne griffige Schubladen, als ob ich neu einziehe und meinen Schrank einräume: in die obere Schublade alle Unterhemden, darunter alle Slips, dann die Socken. Ist viel leichter zuzugreifen, als wenn alles auf einem Haufen liegt und ich mich jedes Mal neu orientieren und vorher noch rumwühlen muss. Wer sich bescheuert kleidet und rumtut, kommt in die Schublade *geckenhaft*, und der wegen nichts und wieder nichts aus der Haut fahrende Kollege landet im Schubfach *impulsiv*. Wenn mir nun ein neuer Typ über den Weg läuft und ähnliche Überreaktionen zeigt wie mein Kollege, packe ich den halt in die gleiche Lade wie den und weiß dann gleich, wie ich mit diesem Heißsporn umzugehen habe. Viele Erfahrungsschubladen zu haben, erleichtert den Umgang ungemein.

Natürlich kann ich mich hier und da auch mal täuschen und es gibt viele unerfahrene Besserwisser, die meinen, wenn da einer daherkommt, müsste ich doch gleich mehr Vertrauen haben und den Armen nicht gleich in einer meiner Schubladen verschwinden lassen. Aus Gründen der Selbsterhaltung bin ich aber der Ansicht, es ist Sache des anderen, mir zu zeigen, dass ich ihm vertrauen und ihn aus der Schublade entlassen kann. Vertrauen muss man sich erst verdienen. Wenn ich in einer neuen Firma anfange, liegt es hauptsächlich an mir, mich in die dortige Gemeinschaft einzufügen. Natürlich kann mir das durch Offenheit und faire Behandlung erleichtert werden, doch ich selbst habe den größten Anteil.

Schubladendenken ist nur ein kleiner Schritt die Treppe hoch. Aber was mache ich mit einem wirklich anspruchsvollen Problem, bei dem der Lappen zur Lösung eigentlich bis ins geistige Penthaus im vierten Stock raufsteigen müsste? Das wäre zwar extrem aufwendig und höchstens auf Pump vielleicht noch zu verkraften, aber was ist, wenn das geistige Haus ein Flach-Bungalow ist und gar keine höhere Etage existiert? Da gibt es nur eines für mich: Vereinfachen. Dieses Argument, jener Aspekt, sogar eine bewiesene Tatsache: weg damit! Zusammenhänge? Zu komplex. Ab sofort wird nur noch mit den Basics aus dem mentalen Keller gearbeitet: schlicht und banal. Zwar ist so die übergreifende Aufgabe nicht gut oder gar nicht zu lösen, vor allem mögliche Folgen müssen außen vor bleiben, aber wenn schon, besser ein bisschen was gedacht als gar nichts. Bis zum geht-nicht-mehr vereinfachen ist nun mal ein probater Rettungsanker bei zu hohen Anforderungen: Die Erde war einst nur der Einfachheit halber eine Scheibe, da die Seefahrer ja längst bemerkt hatten, dass bei einem über den Horizont aufkommenden Schiff zuerst die Mastspitze erscheint und dann nach und nach das Schiff selbst, das war ja ein deutlicher Hinweis auf die Kugelform. Aber zweidimensional in Form einer Scheibe zu denken ist eben einfacher als dreidimensional in Form einer Kugel. So. Und wenn ich selbst geistig im Keller bin und die Macht habe, den Keller als die höchste denkbare Etage festzusetzen, kann ich wider alle Vernunft und Erkenntnis diese Ideologie als Richtschnur durchsetzen und jeden Zweifler als inkompatibel eliminieren.

Es gibt – neben meiner eigenen – unterschiedliche Sichtweisen, was unter *Ideologie* zu verstehen ist: Seit Marx und Engels bezieht sich der Ideologiebegriff auf Ideen und Weltbilder, die sich nicht an Evidenz (unbezweifelbare Einsicht) und guten Argumenten orientieren, sondern die darauf abzielen, Machtverhältnisse zu stabilisieren oder zu ändern. In der Wissenssoziologie hat sich *Ideologie* hingegen als Bezeichnung für ausformulierte Leitbilder sozialer Gruppen und Organisationen durchgesetzt, die zur Begründung und Rechtfertigung ihres Handelns dienen.

Dieser Ideologie-Begriff wird auch auf die Ideensysteme von politischen Bewegungen, Interessengruppen, Parteien etc. angewandt, wenn von politischen Ideologien die Rede ist. Politische Programme basieren immer auf bestimmten Wertesystemen wie z. B. Liberalismus mit einer Betonung der Freiheit, Sozialismus mit einer Betonung der Gleichheit oder Konservatismus mit einer Betonung gesellschaftlicher Traditionen.

Auffällig ist für den Lappen und mich, dass Ideologien eines gemeinsam ist: Sie beziehen sich lediglich auf Teilaspekte und ziehen dazu noch sogenannte *unbezweifelbare Einsichten* nach Art einer Erleuchtung oder eines Glaubens heran, die nicht hinterfragt werden dürfen: *Mehr Freiheit ist die Lösung!* Aber wo soll sie enden? *Alle Menschen sind gleich!* Biologisch gesehen sicher nicht. *Alles lassen wie es ist!* Geht doch nicht, alles ändert sich, ob man es will oder nicht …

Für mich sind das alles Anzeichen von geistigem Keller und der Angst, sich auch nur ins Parterre denken zu sollen. Als Schutz vor fortgesetzt geistiger Überforderung lieber eine unzulässige Vereinfachung mit Scheuklappen und dem Verbot, solche *Ideologien* infrage zu stellen. Wie nötig wäre es aber, den Keller zu verlassen und auf der Terrasse ins geistige Sonnenlicht zu treten, um sich aus dieser engen Denke in Teilaspekten endlich einen Überblick über die Gesamtsituation zu verschaffen und die Teilaspekte unter einen Hut zu bringen.

Das scheint aber während der ganzen Menschheitsgeschichte nur sehr begrenzt möglich gewesen zu sein. Gut zu verstehen: Um sich im Sumpf überwältigender Anforderungen wieder an festes Land zu ziehen, braucht man Festpunkte, keine schwimmenden Grasinseln, die nachgeben, wenn man sie ergreift. Belastbare Anker sind die mentale Rettung, selbst wenn sie auf Teilaspekten, Glauben oder Einbildung beruhen.

Wenn ich als dein Algorithmus eine Entscheidung vorbereiten und Verhalten berechnen soll, fällt mir das umso leichter, je mehr Festpunkte ich habe und je weniger unsinnige Argumente im Spiel sind.

Je mehr unbekannte oder nicht abschätzbare Variablen ich gleichzeitig berücksichtigen soll, desto höher muss ich in meinem mentalen Haus die Treppe hochsteigen. In diesem Gedankenmodell stammt der Griff zur *Ideologie* wieder aus meinem Standard-Werkzeugkasten: Ich vereinfache so lange, bis ich oder mein Lappen die Sachlage wieder mental bewältigen kann. Zudem spare ich mir auch das Denken selbst, gibt es doch viele, die auf gleichem Level das Ganze schon vor mir gedacht haben. Das brauche ich nur zu übernehmen. *Ideologie* ist wieder bloß ein weiteres Energie-Spar-Tool aus meinem althergebrachten Werkzeugkasten!

Vereinfachung unter Verzicht auf Vollständigkeit, Überblick und langfristige Sicht kann zur Gewohnheit und schließlich zum Dogma werden und in meinen Augen ist das dann *gelebte Ideologie*, fortan der einzig wahre Anker und an dem wird festgehalten, der darf nicht hinterfragt werden, selbst wenn man weiß, dass er falsch ist. Wenn mir Fähigkeit und seelische Energie für höheres Denken fehlen, dann bleibt die Erde eben eine Scheibe und Klimawandel gibt es nicht, basta! Wenn die Realität nicht zu meinem beschränkten Weltbild passt, hat die Realität eben Pech gehabt. Das ist im Grunde kein böser Wille, sondern pure Unzulänglichkeit.

Ist es für dich als Mensch denn nicht höchst angenehm, im täglichen Leben mit den Scheuklappen einer Ideologie vor allem Widersprüchlichen und Unangenehmen geschützt zu sein, das man sowieso nicht hören oder sehen will?

Denken und Handeln

Eigentlich ärgere ich mich ja nur über mich selbst: Als dein leitender Algorithmus habe ich es doch ganz und gar in der Hand, ob ich dem Vorderlappen genug Energie zugestehe, damit er denken kann. Gerade im *seelischen Mangel* müsste ich in den Lappen besonders viel Energie investieren, damit der uns mit seiner Intelligenz aus dieser Notlage wieder rausbringt, ähnlich wie es ein langfristig denkendes Gemeinwesen nach einem wirtschaftlichen Kollaps trotz allen Mangels machen sollte: intelligent investieren, damit es wieder aufwärtsgehen kann. – Und genau das kriege ich nicht hin! Ich kann noch so sehr versuchen, mich zusammenzureißen, ich bringe es einfach nicht über meine Synapsen: Wenn der seelische Pegel niedrig ist, die Kasse halb leer, würde ich doch am liebsten den zugegeben energieintensiven Verstand wenigstens noch eine Weile in Gang halten. Aber was macht mein doofes Alt-Programm? Schon bei der geringsten Verunsicherung macht es den Vorderlappen dicht, das heißt, im Klartext: Selbst wenn ich so viel seelische Energie noch loseisen könnte, dass mein Mensch wenigstens ein bisschen übergreifend und langfristig denken kann, würde das für die viel größere Investition, das Erdachte auch noch in zielgerichtetes Handeln umzusetzen, nie und nimmer reichen.

Das ist eben eine weitere Achillesferse meines Urprogramms: Ein sinkender seelischer Pegel polt unverhältnismäßig schnell den Verstand von vernünftigem Denken, Relativieren und Einordnen in die Gesamtsituation auf Ausreden und den Panik-Programmteil *Sündenbock* um, mit allen Erscheinungen oft ausufernder Aggression, wie die gewalttätigen Vorfälle und kruden Verschwörungstheorien in der *Corona*-Krise deutlich zeigen. Hier werfen sogar angeblich gebildete Leute unbegründete und weit hergeholte dumme Ansichten und Verdächtigungen auf den medialen Markt, alles ohne Sinn und Verstand.

Aus all dem lässt sich der Schluss ziehen, dass viele Mitbürger am seelischen Hungertuch nagen und zu weit von einer Resilienz entfernt sind, um ihren Verstand auch noch in Krisenzeiten nutzen zu können. Es wäre dringend nötig, den seelischen Pegel der Gesellschaft als Ganzes anzuheben. Doch wo die seelische Energie hernehmen und nicht stehlen?

Wohin?

Der Sinn des Ganzen? Wozu sind wir da? Um uns wohlzufühlen und Spaß zu haben? Die Fortpflanzung als finaler Erfolg im Leben? – Im Prinzip ja, denn nur, wer seine Gene weitergibt, bleibt im Spiel, alle anderen sind raus. Warum also weiterentwickeln, wenn doch bereits Fortpflanzung allein die Population am Leben erhalten kann, so wie sie ist? Na ja, weil es den Menschen sonst eines Tages so gehen könnte wie den Bakterien in einer Petrischale: Von der Mitte ausgehend wuchern sie, natürlich ohne Sinn und Verstand, immer schneller bis zum Rand der Schale, dann sind alle Ressourcen verbraucht und alle Bakterien tot. Basta!

Die Natur selbst macht es vor: Ihre Geschöpfe haben sich seit Jahrmillionen absolut bewundernswert weiterentwickelt, vom Einzeller bis zum Menschen. Sie haben Warm- und Eiszeiten überstanden, Vulkanausbrüche und Meteoriteneinschläge, die die Welt verdunkelt und viele Arten ausgelöscht haben. Und wie hat sie das gemacht? Durch Variation und Auslese. Ein total simples Prinzip, das bisher ganz gut funktioniert hat: Einfach jedes denkbare und undenkbare *Produkt* auf den Markt werfen und schauen, welches sich durchsetzt. Als die Dinos ausstarben, haben die Säugetiere überlebt.

Doch bedenke die enormen Kollateralschäden des Prinzips *Auf den Markt werfen und der Auslese überlassen*. Alle die das Pech haben, in ihren Eigenschaften und Fähigkeiten nicht gut genug an die aktuelle Umgebung oder momentane Situation angepasst zu sein, laufen Gefahr zu leiden oder gleich ganz zu scheitern. Und was ist, wenn eine Art wie der Mensch sich schließlich so immens vermehrt, dass sie die verfügbaren Ressourcen an Wasser, Luft und bebaubarem Boden ganz und gar ausschöpft und schließlich überfordert, die ungeheuren Menschenmassen mit ihren wachsenden Ansprüchen sogar das Klima beeinflussen? Aus der Tierwelt ist bekannt, dass Raubtiere die Entwicklung der Beutetiere stark fördern und zugleich deren Anzahl begrenzen ... Wir stehen zwar an der Spitze der Raubtiere, aber *das* kriegen wir nicht hin.

Das erinnert mich an den alten Flugplatz der Amerikaner: außen herum ein Zaun, keine Füchse, Sandboden zum Eingraben, niedriger Bewuchs, ideal für Kaninchen. Die vermehren sich jedes Jahr ... eben wie Kaninchen. Wenn es dann zu viele werden und auf dem begrenzten Terrain notgedrungen einen zu engen Kontakt pflegen, kommt eine von Viren ausgelöste Krankheit namens *Myxomatose* über sie und putzt die meisten von ihnen weg – der Preis für Übervölkerung. Dann ist wieder Platz für die nächste Generation.

Pest, Cholera und weitere früher tödliche Krankheiten, durch Rattenflöhe oder verunreinigtes Trinkwasser aber auch durch hohe Bevölkerungsdichte und enge Kontakte in der Ausbreitung gefördert, hatten in der Geschichte eine ähnliche Funktion: die Begrenzung der Populationsdichte auf einen den Ressourcen angemessenen Wert. Der moderne Mensch hat aber viele dieser Krankheiten im Griff oder bereits gänzlich ausgerottet, sodass die Vermehrung grenzenlos und fröhlich weitergehen kann. Eben so weit, bis die Natur, wie jetzt mit *Covid 19* den nächsten Begrenzungsversuch startet, doch ist zu erwarten, dass auf längere Sicht auch diese Geißel der Menschheit in Grenzen gehalten werden kann.

Wenn der Mensch nicht in der Lage ist, mit Vernunft und Überlegung seine Anzahl in angemessenen Grenzen zu halten, und auch sonst jede Populationsbegrenzung auf natürliche Art nicht greift, setzt die Natur schließlich noch viel einfachere Mechanismen in Gang, nämlich den Kampf Mensch gegen Mensch um die schwindenden Ressourcen. Wie viel Kriege wurden und werden z. B. ums Öl geführt? Eines Tages dann um Wasser und fruchtbares Land oder einfach mal wieder, weil man sich ethnisch oder militärisch überlegen fühlt ... Schiiten gegen Sunniten, alle gegen Juden, Christen oder sonstige Andersgläubige ... Im Prinzip geht es gegen das *Anderssein* selbst, oft mit der Begründung, die *anderen,* wer immer sie auch sein mögen, würden bereits durch ihre pure Existenz die eigene Gemeinschaft in existenzielle Nöte bringen, ausnutzen oder schädigen.

Welch ethnische oder Glaubensgründe auch immer vorgeschoben werden: Im Grunde handelt es sich um Verteilungskämpfe wegen zu hoher Bevölkerungsdichte, schierer Armut und befürchteter Ressourcenknappheit. Diese Spannungen bauen sich oft im Hintergrund über längere Zeit auf, werden erst noch durch soziale Regungen zurückgehalten, entladen sich aber oft schon bei der geringsten Störung der Ordnung in Form von Ausgrenzung oder Unterdrückung der unterlegenen Bevölkerungsteile.

Ein blutiger Anlass indessen verlagert wie ein Zündfunke die Auseinandersetzung auf die existenzielle Urebene der Gewalt: Du oder ich. Eine Ur-Reaktion aller Algorithmen: Wenn eine Population auch nur den geringsten Rückschritt an seelischen Einkünften zu verkraften hat, geschweige denn sich mit schwerem seelischen Mangel in *Existenznöte*n fühlt, schaltet jeder agile Algorithmus auf *Überlebenskampf* und setzt Aggressionen frei, um sich zu behaupten. Dabei spielt es kaum eine Rolle, wer zum Ziel dieser Gewalt wird, das ist wie ein brechender Staudamm, dessen Flut alles mitreißt und wegspült.

Man kann gewalttätige Elementar-Reaktionen von Menschen beklagen oder verurteilen, aber es ist zu akzeptieren, dass aggressives

Verhalten einen wesentlichen Überlebensfaktor des menschlichen Algorithmus darstellt, der in einer angespannten und unberechenbaren Situation schnell zu grenzenlos roher Gewalt ausufern kann. Viele Erfahrungen und auch Praxisversuche wie das *Stanford-Gefängnis-Experiment*[19] lassen den Schluss zu, dass die meisten durch eine besondere Situation zu rücksichtslos unmenschlichem Verhalten beliebigen Grades gebracht werden können. Davon sind auch die bravsten aller Schäfchen nicht ausgenommen, die angeblich keiner Fliege etwas zuleide tun können. Der Gewalttäter steckt in uns allen und es bedarf lediglich der passenden Konstellation und Vorgeschichte, um auch extrem gewalttätiges Verhalten auszulösen. Ist die Grenze von Menschlichkeit und Kultur erst einmal überschritten und von der dominierenden Gruppe bestätigt und bestärkt, kennt das ausufernde Verhalten bald keine Grenzen mehr, denn im Grunde sind Menschlichkeit und Kultur nicht einmal so dick wie die Eierschale am Ei und allzu leicht zu durchbrechen.

Anzeichen

Was aber ist der wahre Grund der Entmenschlichung? Wer spannt denn die Mausefalle, die schließlich bei der geringsten Berührung all die anderen erschlägt?

Ein möglicher Grund wäre ein kollektiv sinkender seelischer Pegel der Gesellschaft: Unter den gegebenen Rahmenbedingungen kann eine wachsende Anzahl von Menschen ihren seelischen Haushalt nicht mehr ausgeglichen halten, der seelische Pegel sinkt und lässt vielen keine Wahl mehr. Dabei spielt auch deren wirtschaftliche Lage eine Rolle, indem diese erheblich die Möglichkeiten mitbestimmt, sich seelische Energie zu beschaffen. So wie ein einzelner, an den

Rand seiner Existenz gedrängter Mensch aggressiv und rücksichtslos um sich schlägt, wenn man ihn weiter einschränken oder ihm noch mehr abfordern will, so zeigen auch eine Gesellschaft und deren Repräsentanten im seelischen Defizit charakteristische und *weithin unbewusst* ablaufende Reaktionen verschiedenster Art:

Verlust der Realität

Eines der ersten Anzeichen seelischen Mangels ist z. B. eine ausufernde Empfindlichkeit gegen eine ungeschminkte Realität, denn diese wäre im seelischen Defizit tatsächlich schwer zu ertragen, vor allem, wenn man es über Jahre hinweg gewohnt war und es zu Ideologie und Routine gehörte, die Realität systematisch zu verfälschen oder gleich ganz zu unterdrücken. Jedes Infragestellen der alltäglich mühsam hinkonstruierten Photoshop-Realität, ja schon die geringste Kritik daran reicht aus, um elementare Ängste auf den Plan zu rufen, Hysterie zu erzeugen und jede sachliche Diskussion bereits im Keim zu ersticken.

Die Verweigerung der Realität beginnt mit aus der Luft gegriffenen, zum Schutz der falsch wahrgenommenen Realität erlassenen Vorschriften und Einschränkungen; was man noch sagen darf und was nicht, am besten einfach die Begriffe selbst verschwinden lassen. – Was nicht mehr zu bezeichnen ist, ist nicht mehr da und macht keine Angst mehr. Das ist die Vogel-Strauß-Methode: Kopf in den Sand stecken und Ruhe ist. Statt Inhalte sachlich und realistisch zu diskutieren, lieber ein Verbot, sie überhaupt zu benennen und sich damit zu befassen.

Es wäre auch sehr unklug, möglicherweise gerade den wenigen vernünftig Gebliebenen den Mund zu verbieten, nur weil man sich selbst in realitätsferne Ideologien verrannt hat und Realität als existenzielle Bedrohung seiner Scheinwelt ansieht. Nur: Irgendwann kehrt die Realität eben zurück und schert sich nicht darum, wie sehr jemand sie zu fälschen versucht hat. Dann ist Zahltag für alle.

Im seelischen Mangel nimmt der Algorithmus als Erstes das bewusste Denken und damit Verstand und Vernunft aus dem Spiel. Siehe die Reaktionen auf die Maßnahmen gegen *Corona*. Die Überraschung ist, dass fast unabhängig vom Bildungsgrad, vom Hilfsarbeiter bis zum Universitätsprofessor, jede klitzekleine zusätzliche Verunsicherung oder die geringste weitere Einschränkung der seelischen Energiegewinnung genügt, um von jetzt auf nachher *dumm* zu werden, den Überblick zu verlieren und in geistiger Verwirrtheit auf Autopilot einen Sündenbock zu suchen. Höhere Denkebenen, die Fähigkeit übergreifend und langfristig zu denken und sie in Beziehung zum Ganzen zu setzen, sind plötzlich wie weggeblasen.

Hier muss ich notgedrungen den Vergleich mit einer vergleichsweise stabilen Eierschale korrigieren: Menschlichkeit, Kultur und Verstand sind nicht einmal so dick wie die Haut auf heißer Milch.

In Gesellschaft und Politik spielt sich ganz Ähnliches ab: Mit sinkendem seelischem Pegel gehen auch hier die höheren Denkebenen verloren. Statt lösungsorientierter wohlüberlegter Politik stehen Personalquerelen und Machtkämpfe im Vordergrund. Wagt in dieser mental defizitären Situation ein Todesmutiger, eine abweichende Meinung zu äußern, mutiert er, schneller als er denken kann, zum Sündenbock und *Krebsgeschwür* und muss zwanghaft beseitigt werden. Für alle, die noch über Vernunft verfügen, empfiehlt es sich dringend, ihre Meinung bei sich zu behalten, um nicht von der Mehrheit an den Pranger gestellt zu werden und schwere Nachteile zu erleiden. Was solls, je länger verdrängt, mit desto größerer Wucht wird die Realität eines Tages zurückkommen und alle, leider auch die Vernünftigen, erschlagen.

Verlust der Identität

Auch die Identifikation mit dem eigenen Staat als die alle verbindende soziale Gemeinschaft mit eigener Sprache, Gesetzgebung, Kultur und Lebensweise leidet sehr im seelischen Mangel. Die Fähigkeit, gesellschaftlichen Errungenschaften wie z. B. Demokratie, Rechtssystem, soziale Absicherung, weitgehende persönliche Freiheit und Selbstbestimmung überhaupt zu schätzen und notfalls selbstbewusst zu verteidigen, liegt auf einer höheren, sozial umfassenderen Ebene, ein ganzes Stück weit über der egoistischen Persönlichkeitsschicht des Einzelnen.

Wie andere Eigenschaften auch ist diese höhere soziale Ebene von Mensch zu Mensch mehr oder eben weniger gut bestückt. Diese soziale Ebene der Identifikation mit der eigenen Gesellschaft und dem eigenen Land verliert im seelischen Mangel besonders schnell ihren Einfluss oder ist schon von Anfang an gar nicht erst präsent (*Mit Deutschland kann ich nichts anfangen*). Die ohnehin schon stark fortgeschrittene Individualisierung mit Fokus auf eigene Bedürfnisse und Rechte verstärkt sich im seelischen Mangel noch weiter und würde im Extrem zu einer Ansammlung von Individuen unterschiedlichster Interessenlage führen, von denen jeder nur noch seinen eigenen Vorteil verfolgt, wobei der Gedanke einer Solidargemeinschaft verloren gegangen ist: Die totale Fragmentierung der Gesellschaft.

Ein niedriger seelischer Pegel und die damit verbundene mangelnde Identifikation mit der eigenen Gesellschaft öffnet die Schleusen für fremde Einflüsse. Wer unter seelischem Mangel leidet, ist nicht mehr fähig, eigene Ziele zu erarbeiten und konsequent zu verfolgen. Orientierungslos und ohne sich dessen bewusst zu sein, lässt er sich dahintreiben in dem sich selbst aufgebenden Bestreben, den Zielen anderer zu dienen. Auch eine seelisch ins Wanken geratene Gesellschaft ist nicht mehr bereit, ihre Errungenschaften entschlossen genug zu verteidigen, und ermuntert daher andere, das Zepter zu übernehmen. Letztlich geht es um die mehr oder weniger unbewusste Absicht, das bestehende System abzulösen, in dem man selbst nicht genügend seelische Energie erarbeiten kann. Aber so gar nicht zu seiner eigenen Lebensweise zu stehen und diese zu verteidigen, beinhaltet das hohe Risiko, sich eines Tages ganz aufgeben und nach der Pfeife anderer tanzen zu müssen.

Europa ist an sich eine gute Idee, nicht aber bei sinkendem seelischem Pegel der teilnehmenden Staaten, denn dann treten Rückzugsgedanken und Trennungstendenzen wie der *Brexit* auf den Plan, sogar innerhalb von Staaten selbst: Schotten, Basken, Katalanen … Wenn es hart auf hart kommt, muss trotz aller Beteuerungen doch wieder jeder Staat für sich selbst sehen, wo er bleibt. Auch ein noch so freundschaftlicher Umgang der Staaten untereinander wird brüchig, sobald sich auch nur geringste Interessenkonflikte abzeichnen. Da müssen nur mal neue Gaspipelines gebaut oder die Schutzmasken knapp werden und schon ist sich jeder selbst der nächste, jeder Staat, jedes Bundesland, jeder Landkreis, jede Stadt. Wenn uns *Corona* etwas gelehrt hat, dann die brachiale Funktionsweise eines in die Enge getriebenen menschlichen Algorithmus mit einer starken Tendenz zu Egoismus und Verantwortungslosigkeit seiner Gemeinschaft gegenüber.

Regression und Selbstbeschuldigung

Ein Mensch im starken seelischen Mangel und mit nur noch geringem Selbstwertgefühl neigt dazu, sich selbst aufzugeben und sich noch weiter herabzuwürdigen. Der seelisch Defizitäre macht sich noch kleiner, als er ist, und bildet sich ein, für das ganze Elend der Welt verantwortlich zu sein und dafür unbegrenzt mit Schuldgefühlen und Geld büßen zu müssen.

Die neuronalen Netze der oberen geistigen Ebenen, auf denen Gegenwart und Zukunft *gedacht werden könnten*, sind die Ersten, die im seelischen Mangel aus dem Spiel genommen werden. Ein weiter sinkender seelischer Pegel bedeutet *Regression*, Rückentwicklung zu früheren Entwicklungsstadien, das heißt, zu infantilen Stufen in der Wahrnehmung wie auch der Denkvorgänge bis hinab zu den eingeschränkten Fähigkeiten eines Kleinkindes, das Fantasie und Wirklichkeit nicht auseinanderhalten, sich nicht beherrschen und schon gar nicht übergreifend denken kann.

Diese Regression ist dem sich Rückentwickelnden selbst nicht bewusst und kann bei seelischen Einbrüchen wirklich zu jeder Zeit und so unvermittelt eintreten, dass das vernünftig gebliebene Umfeld oft von solchen Primitivreaktionen überrascht wird und dann fassungslos davorsteht. Es soll sogar Parlamente geben, in denen es nach heftigsten Wortgefechten zu Handgreiflichkeiten kommt – wie im Kindergarten. Regression als Folge seelischer Belastungen ist im täglichen Leben allgegenwärtig, denken wir an einen besonders unangenehmen Zeitgenossen, dem wir, zumindest in Gedanken, spontan am liebsten den Hals umdrehen würden.

Im Zustand der Regression ist keine Energie für verzichtbares *Komfort-Denken* in die Zukunft hinein übrig, nicht einmal für die unmittelbare Bewältigung der Gegenwart. Mit sinkendem seelischem Pegel verlagert sich der Schwerpunkt des Algorithmus zwangsläufig immer stärker in die Vergangenheit. Die wenige verbleibende seelische Energie ermöglicht höchstens noch, geschichtliche Begebenheiten zu reproduzieren, immer wieder und ohne Ende. Für mehr, z. B. für vernünftige Schlussfolgerungen, reicht es bei der geringen verbliebenen geistigen Kapazität nicht mehr, es setzt eine

Art gesellschaftlicher Selbstbeschädigung ein: *mentales Flagellantentum.*

Aber auch noch so viele Demonstrationen oder gar das Einreißen von Denkmälern können die im seelischen Mangel unablässig quälende Vergangenheit nicht ungeschehen machen. Belange der *eigenen* Gemeinschaft hingegen müssen im Interesse einer zwanghaften, immer tiefer greifenden Selbstbeschuldigung weit zurücktreten. Aus Vernunftgründen läge nun der Einwand nahe, dass man der heutigen Generation, und noch mehr den folgenden, doch beim besten Willen keinerlei Schuld an geschichtlichen Vorgängen anlasten könne: Es war so, wie es war, und damit basta! Die haben damals eben auch nur das machen können, was ihnen ihr geistiger Stand erlaubt hat. Einzig das *Warum* ist wichtig, und die Schlüsse, die daraus zu ziehen sind.

Mit kritisch abgesunkenem seelischem Pegel kann aber der Zwang zur Selbstbeschädigung so übermächtig werden, dass nun wie beim zwanghaften Schneiden in den Arm des depressiven Teenagers weitere Ideologien zur Aufrechterhaltung solch selbstzerstörerischer Denkweisen aus dem bisher tief unterirdisch verwahrten Verlies des Algorithmus hervorgeholt werden, indem man wie die Kirche im Mittelalter dem Menschen allein durch seine *Existenz* Schuld und Sündigkeit zuweist: Die Deutschen beispielsweise werden demnach bereits als *Faschisten* geboren, alle Weißen generell als *Rassisten* und haben diesen nicht tilgbaren Makel ein Leben lang abzubüßen. Cui bono?

Aufgrund schweren seelischen Mangels kommt es zu einem geistig massiv eingeschränkten, von Ideologie fern jeglicher Vernunft geprägten Kampf gegen die gefühlten ängstigenden Symptome, statt dass mit Verstand und Vernunft nach den wahren Ursachen gesucht wird. Realistisch und aus lösungsorientierter Sicht kann man aus Erfahrungen generell, wie auch aus geschichtlichen Vorgängen, lediglich lernen, indem man sie analysiert und möglichst ideologiefrei Lehren für die Zukunft daraus zieht. Wenn man also will, dass sich eine als vermeidbar eingeschätzte katastrophale Situation auf keinen Fall wiederholt, genügt es eben nicht, die unmenschlichen Vorfälle immer nur zu wiederholen, zu beklagen und sich ohne objektiven Grund jeden Tag aufs Neue schuldig zu fühlen, verstörende Bilder und Berichte endlos zu reproduzieren, in den Medien Emotion über Emotion auszulösen und fleißig in Gang zu halten. Das mag zwar eine Zeit lang Aufmerksamkeit erregen, bringt aber nicht weiter – und schon gar keine Impulse, wie eine bessere Zukunft ohne die Gefahr solch katastrophaler Entgleisungen zu gestalten wäre. Was will man denn? Weiter in einer unschönen Vergangenheit wühlen und sich selbst dabei niedermachen oder verhindern, dass uns solches wieder passiert? Es hilft nur eines: Sich ohne ideologische Befangenheit bemühen zu verstehen, wie es zu katastrophalen Entwicklungen kommen konnte, welche Rahmenbedingungen dafür verantwortlich waren, wie es angefangen hat und ob, wie und zu welchem Zeitpunkt man diese extreme Entwicklung hätte bemerken und verhindern können, mit der Frage: *Wie müsste man die gesellschaftlichen Rahmenbedingungen politisch justieren, damit der Mensch wieder mehr seelische Energie erwirtschaften kann und nicht in extreme Strömungen verschiedenster Art abdriftet?*

Bereits eine politische Verlagerung aus der gesellschaftlichen Mitte an den linken und/oder rechten Rand ist eines der Alarmzeichen dafür, dass der seelische Pegel der Gesellschaft sinkt. Dies bedeutet, dass eine wachsende Zahl von Menschen im bestehenden System ihren seelischen Haushalt nicht mehr ausgeglichen halten kann, in einer Art Dauerdefizit leben muss und meint, gezwungen zu sein, die bisher gesetzten gesellschaftlichen Grenzen infrage zu stellen oder bei fortschreitender Radikalisierung diese sogar militant zu bekämpfen. Da werden Polizisten angespuckt, mit Steinen und

Molotowcocktails beworfen, weil sie Wächter der Grenzen sind, die die Gesellschaft nun einmal so festgelegt hat und die man plötzlich überschreiten *muss*, weil der eigene Algorithmus es im grenzwertigen seelischen Defizit erzwingt. Das ist nichts weiter als die nahe liegende Forderung eines in die Ecke gedrängten Algorithmus nach *mehr Freiheit*, um sich seelische Energie zu verschaffen. Aber mehr Freiheit für die einen auf Kosten der anderen? Notfalls auch mit Gewalt? Und wenn das jeder macht? Dann haben wir halt bürgerkriegsähnliche Zustände, aber das hat sicher noch Zeit, darüber denken wir dann nach, wenn es so weit ist …

Das sind derzeit vielleicht nur Einzelfälle, mag sein, aber selbst für den standfestesten Ideologen müssten es kaum zu verleugnende Hinweise auf einen immer labiler werdenden Zustand der Gesellschaft sein. Natürlich könnte man eine aufwendige Statistik erstellen, mit dem Ergebnis, dass es im Grunde nur wenige sind, die sich solcher Übergriffe schuldig machen, aber das wissen wir ja längst.

Viel effektiver und aufschlussreicher scheint da die *Eisberg-Methode* zu sein: die Summe dieser Einzelfälle als den kleinen sichtbaren Teil eines ungleich größeren Problems zu sehen, das dem Auge verborgen unter der Oberfläche liegt. – Wer sind denn diese Ausreißer und warum tun die das? Es sind die, die mit ihrem seelischen Pegel besonders schnell abgesunken sind, so tief und so schnell, dass die dem Menschen eigentlich innewohnenden sozialen Hemmungen nicht mehr ausreichen, um die im seelischen Mangel immer stärker hervordrängenden Aggressionen in Schach zu halten. Bei erster Gelegenheit bricht sich Gewalt Bahn, um sich durch Machtausübung die so lange entbehrte seelische Energie und letztlich eine bessere Ausgangsposition zu verschaffen.

Weitere Beispiele sind wachsende Aggressionen im Straßenverkehr und im Sport. Ein gut sichtbares Indiz für seelischen Mangel ist auch das Auseinanderdriften im Bereich *soziale Haltung*: auf der einen Seite ehrenamtliches Engagement, auf der anderen Blockieren von Rettungsgassen und Angriffe auf Polizisten. Die einen holen sich ihre fehlende seelische Energie aus der gesellschaftlichen Anerkennung, die anderen durch Egoismus und Machtausübung.

Aber warum seelischer Niedergang, wenn es den Menschen doch so gut geht wie noch nie? Wir haben hier Frieden, keiner muss hungern, zumindest vor *Corona* brummte die Wirtschaft, jeder konnte reisen, wohin er wollte, konnte sich *fast* alles leisten … Kann man denn mit dem bisher Erreichten nicht zufrieden sein?

Sägezahn

Nein, kann man nicht. Konnte man noch nie. Und das sage ich als dein Algorithmus: Ich, und damit du als mein Mensch, und auch alle anderen von Algorithmen Gesteuerten, unterliegen dem *Naturgesetz des Sägezahns* und finden aus Bequemlichkeit und mangelnder Geisteskraft keinen Ausweg aus dieser elementaren Fehlprogrammierung. Der *Sägezahn* ist nämlich als Motor des Fortschritts von der Natur höchstpersönlich und unwiderruflich fest auf meinen tiefsten Schichten installiert.

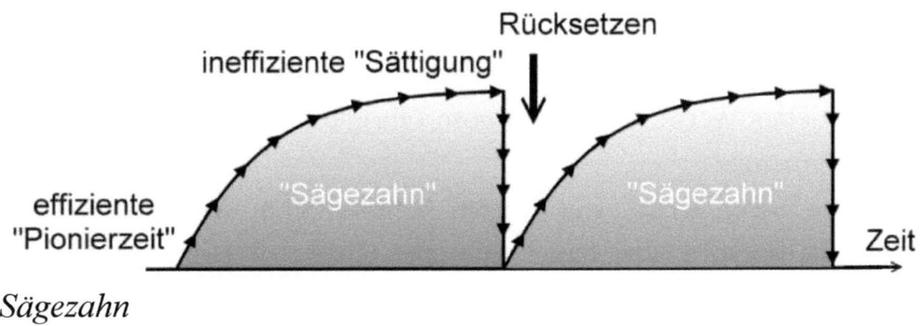

Sägezahn

Ich erkläre das *Sägezahn-Gesetz* mal an einem Beispiel:

Nach dem Zweiten Weltkrieg lag so ziemlich alles in Trümmern: Häuser und Industrien waren zerstört und menschliches Leben und Existenzen in großer Zahl vernichtet, alles auf null oder darunter zurückgesetzt: Trümmer und Hunger. Was haben die Menschen gemacht? Nicht lange ihr Schicksal beklagt, sondern hingelangt, den Schutt weggeräumt und überall in den Hinterhöfen wurde getüftelt. Der Vater meines Schulfreundes hat z. B. von Hand Hülsen für elektrische Stecker gepresst, Tag für Tag, ohne Feierabend. Später wurde daraus eine kleine Firma, inzwischen ist es eine große.

Die Pfeile am *Sägezahn* beginnen links unten: Da herrscht hohe Effizienz, in der Pionierphase bringen Bemühen und die weitere Aussicht auf schnelle Steigerung vergleichsweise sehr viel seelische Energie. Man hält sich ran, schafft was und kann sich viel dafür leisten. Nach dem Krieg war der Anstieg am größten. Bei null anzufangen und sogar unter großen Einschränkungen leben und arbeiten zu müssen, hat nämlich große Vorteile: Man weiß jeden noch so kleinen Zufluss an seelischer Energie hoch zu schätzen und hat den steilen Aufstieg vor Augen.

Aufstieg nicht nur materiell: Das gewaltsame Rücksetzen hat auch die geistige Haltung in Bewegung gebracht: Lang erprobte, aber nicht mehr zeitgemäße gesellschaftliche Lebensmuster wurden infrage gestellt, das Verhältnis der Geschlechter neu definiert und führte spätestens mit den 68-igern zu einer Neueinschätzung menschlicher Werte, z. B. weg vom Obrigkeitsdenken hin zu mehr Individualismus.

Die *Corona*-Krise mit ihrem zeitweiligen *Rücksetzen* und zwangsläufigem *Erden* bietet ähnliche Chancen: Hinterfragen der Werte und Grundsätze mit der Chance zur Neuorientierung. Es wird zwar unglaublich viel Kollateralschaden angerichtet, auf lange Sicht gesehen aber ist *Corona* als Tritt in den zu fett gewordenen Hintern einer irgendwie auf Abwege geratenen Gesellschaft samt ihrer Politik eine Wohltat und auf jeden Fall besser als zukünftiger Terror und Krieg.

Eine Gefahr jedenfalls droht in einer angstmachenden Situation besonders: Je niedriger der seelische Pegel, desto stärker die Angstgefühle und desto weniger sind Vernunft und soziale Haltung zu Gesellschaft und Staat noch mit von der Partie. Viele Menschen verlieren die Orientierung, sehen im bestehenden System keine Zukunft für sich und fallen den Versuchungen von Rattenfängern von links und rechts anheim.

Umso wichtiger ist es, dass eine fähige Regierung klare Zukunftsperspektiven eröffnet, die sie auch konsequent, aber sozial angemessen in die Tat umsetzt. Ein Fortschritt muss erkennbar sein: Jede Führungsschwäche durch strategische Unsicherheit und Personalquerelen würde den seelischen Pegel einer Gesellschaft weiter sinken und die Mitte verlieren lassen.

Im Übrigen kommt mir so ein Zurücksetzen als dynamischem Algorithmus sehr entgegen, denn immer das Gleiche wird mir schnell langweilig. Der Sägezahn ist nämlich Folge einer substanziellen Eigenschaft des menschlichen Belohnungssystem selbst, das sich im Wesentlichen im limbischen System und im Hippocampus verorten lässt. Meinem Gefühl nach werden dort die Ergebnisse meines Tuns nach Aufwand und Erfolg bewertet und im Ergebnis entsprechend mehr oder weniger Belohnungssubstanzen ausgeschüttet oder auch gar keine. Der gleiche Vorgang, einfach nur wiederholt, bringt aber leider nicht mehr das gleiche Belohnungsgefühl auf die Waage: Das erste Bier schmeckt immer noch am besten, das zweite bringt nicht annähernd so viel Genuss und Belohnungsempfindung. Gewohnheit sorgt dafür, dass ein noch so hohes materielles Angebot keinen Zuwachs an seelischer Energie mehr garantieren kann.

Was ich brauche, ist also Abwechslung, Hoffnung, Zuwachs, Anstieg – oder wenigstens die Aussicht darauf, weil das Gewohnte so schnell an Belohnungsertrag verliert. Der Zwang zur Steigerung stammt aus der Hardware selbst! Wie wollte man da etwas ändern? Nur mit Gewohntem kann ich meinen seelischen Pegel nicht oben halten. Gute Aussichten und lockende Aufstiegschancen sind mir viel mehr wert als ein gegenwärtig noch so komfortabler Zustand. Nach dem ehernen Gebot der Natur will ein richtiger Algorithmus vorwärtsstreben, sein Potenzial entwickeln und sich nicht auf welkenden Lorbeeren ausruhen. Keine Chance, dieses Grundgesetz meiner Natur ändern zu wollen. Es liegt an dir zu lernen, mit Vernunft und Kreativität erfolgreich damit umzugehen. Dass es nach dem Gesetz der natürlichen Streuung auch Individuen mit sehr trägen Algorithmen gibt, muss man halt in Kauf nehmen.

Je weiter ich den Sägezahn hochsteige, desto höher mein Aufwand, aber desto weniger seelische Energie bringt mir meine Strampelei noch ein. Wenig ermutigend schließlich ist der horizontale Verlauf, ganz ohne Steigerung. All meine Energie muss ich investieren, nur um mein aufwendiges System überhaupt am Laufen zu halten, aus dem mir immer weniger seelische Energie zufließt. Sättigung ist für mich als dein Algorithmus ein kritischer, wenn nicht gar gefährlicher Zustand. Die Natur verlangt Effizienz von mir und einen hohen Erfolgspegel – beides kann ich in diesem verdammten Sättigungszustand nicht mehr liefern. Ich strenge mich an und der seelische Pegel sinkt trotzdem. So weit oben zu sein ist ja schön und gut, aber ich brauche nun mal ständige Steigerung: Essen und Trinken noch exquisiter, der SUV noch komfortabler und schneller, Urlaube und Kreuzfahrten noch ausgedehnter? Irgendwann ist alles ausgeschöpft. Mein seelischer Pegel sinkt, wo bleibt die Steigerung?

Und das bei den vielen bisher verdrängten Problemen, die mich nun einholen und noch weiter herunterziehen: die unabsehbaren Folgen des Klimawandels mit einem bedrohlichen Anstieg des Meeresspiegels, absehbarem Wassermangel wegen der zu erwartenden Trockenheit, den sich daraus ergebenden Flüchtlingsströmen und so weiter. Es gibt keine Zinsen mehr und man ist sich nicht mehr sicher, ob die Rente reichen wird. Werden die Mieten bezahlbar bleiben? Ich habe diese Sorgen viel zu lange ignoriert, weggeredet, schöngefärbt, am Frontallappen vorbeigemogelt und jetzt, als ob sich dichter Nebel plötzlich lichtet, stehen diese Ängste wie ein Berg vor mir und sorgen dafür, dass mein Energiepegel vollends in den Keller geht.

Die Geschichte lehrt, dass im Zustand einer Sättigung bislang immer ein zerstörerisches Großereignis kommen musste, um den allgemeinen seelischen Pegel wieder zurückzusetzen und damit die Voraussetzung für einen neuerlichen Anstieg zu schaffen. Naturkatastrophen wie Extremwetter, Vulkanausbrüche, Epidemien, Aufruhr und Kriege waren bisher die klassischen *natürlichen* Werkzeuge, um die Anzahl der Menschen zu reduzieren, Erarbeitetes möglichst weitgehend zu zerstören und die körperlich und seelisch Dezimierten wieder auf Anfang zurückzusetzen; ganz die originäre Vorgehensweise der Natur, ein althergebrachtes Programm durchzuziehen ohne Rücksicht auf Kollateralschäden. Bleibt nur zu hoffen, dass nicht erst wieder ein zufälliges oder vorhersehbares zerstörerisches Großereignis eintreten muss, bloß weil die Menschheit mental zu beschränkt ist, um ihre Überzahl und ausufernden Ansprüche auf ein vernünftiges Maß zu reduzieren.

Ganz abwegig ist ein solches Armageddon jedenfalls nicht: Mangels Vernunft driftet die Menschheit mit ihrem Wirtschaftssystem, das auf dem Ausplündern der natürlichen und zum Teil auch menschlichen Ressourcen beruht, durchaus in eine Weltlage, in der es früher oder später um alles gehen könnte. Dauernde Steigerung? Wie soll das ein Indigener im Amazonas-Regenwald realisieren? Er verfügt nur über *begrenzte Ressourcen,* z. B. Beutetiere, von denen er nicht jedes Jahr mehr abschießen darf, weil er sonst bald nichts mehr zu jagen hat. Macht er das trotzdem, fällt das binnen Kurzem massiv auf ihn zurück und zwingt ihn zur nachhaltigen Bewirtschaftung seiner existenziellen Ressourcen. Was der Mensch aber tun kann, ist seine *seelische Effizienz* zu erhöhen. Dankbarkeit gegenüber der Natur vervielfacht den *seelischen Ertrag,* führt zur Bescheidenheit und lebt bei uns auch heute noch in Form des Tischgebets und Glaubensbekenntnisses weiter: *Unser täglich Brot gib' uns heute ...*

Sobald jedoch die Beschränkung der Ressourcen wegfällt und das Leben sich in einer Mainstream-Gesellschaft unbegrenzt öffnet, ist anzunehmen, dass auch der edelste Wilde recht schnell modernen Verhaltensmustern anheimfällt, sobald er die Gelegenheit dazu hat. Gelingt es einem vernünftig handelnden menschlichen Geist, die Entwicklung so zu steuern, dass man schließlich ein beständiges Gleichgewicht mit der Natur erreicht, oder überlässt man das Gesetz des Handelns weiterhin primitiven Emotionen aus dem Bauch heraus, die früher oder später notwendigerweise in eine Gewaltherrschaft führen? Im Kampf um die restlichen Ressourcen an Wasser und bebaubarem Land wird sich dann zeigen, wer über das größere Kaliber verfügt und besser trifft … Das bisschen *Corona*-Pandemie da draußen, die uns allen gerade einen so großen Schrecken einjagt, ist es vermutlich noch nicht.

Allerdings rechnet die Natur in Zeiträumen von Jahrtausenden oder Jahrmillionen. Das plötzliche Auftreten eines Geschöpfs wie der Mensch, der sich über die Natur erhebt und Macht über sie ausübt, fällt total aus dem bisher sehr langfristigen Rahmen. Und er lässt sich nicht durch Raubtiere oder Epidemien in Grenzen halten.

Wachstum?

Wo stehen sie nun, die Menschen und die Natur? Je nach Sichtweise gar nicht so weit auseinander… Hier eine auf schiere Effizienz und Erfolg hin kompromisslos kapitalistisch ausgerichtete Natur, dort eine ebenfalls kapitalistische Form der Marktwirtschaft: Natur wie Mensch auf Wachstum aus, die Natur verfolgt das Wachstum der Anpassungsfähigkeit ihrer Geschöpfe, der Mensch ein Wachstum seiner seelischen Einkünfte um der Entwertung derer z. B. durch Gewohnheit entgegenzuwirken. Die Natur nimmt in ihrem Bestreben nach Weiterentwicklung durch Versuch und Irrtum schwerste

Kollateralschäden in Kauf, der Mensch versucht zumindest, eher planmäßig vorzugehen und allzu große Härten durch Energietransfer zu den weniger produktiven Individuen abzumildern.

Der Kapitalismus als wirtschaftliches Grundprinzip hat sich in der menschlichen Gesellschaft bis jetzt bewährt und beschert uns großen materiellen Wohlstand, aber eben mit dem Nachteil, anscheinend auf dauerndes Wachstum angewiesen zu sein – wie die seelische Versorgung des Menschen auch. Endloses Wachstum ist jedoch bei Mensch und Gesellschaft infolge begrenzter Ressourcen nicht möglich. Es bedarf einer intelligenteren Strategie.

Das Brutto-Inlands-Produkt (BIP) und dessen Steigerung werden derzeit noch als Maßstab für Wohlstand verwendet, obwohl beim BIP alles in einen Topf geworfen und nicht zwischen konstruktiven und destruktiven Aktivitäten, wie Ressourcenverbrauch und Umweltzerstörung, unterschieden wird, obwohl man eigentlich die dadurch entstehenden Kosten gegenrechnen müsste. Solange diese Rechnung nicht gemacht wird, ist das BIP als Maß für allgemeinen Wohlstand insgesamt eher als *Schein-Maß* aufzufassen. Es könnte der Gedanke aufkommen, möglichst viel zu zerstören, um wieder entsprechend viel produzieren zu können: *Macht möglichst viel kaputt, damit wieder produziert werden kann!* Elektrische Geräte brennen nach kurzer Zeit durch, die Karosserie des Autos rostet dahin und die Reifen zerfallen nach einiger Zeit? Und das mit begrenzten Ressourcen?

Da global und gesellschaftlich ein Ende der Strategie des endlosen materiellen Wachstums abzusehen ist, erhebt sich die Frage, wie der einzelne Mensch ohne materielles Wachstum als Basis seiner Jagd nach seelischer Energie seinen Seelenhaushalt ausgeglichen halten könnte. Mit den jetzigen Spielräumen, sagen manche, seien doch alle erlaubten seelischen Quellen weithin ausgeschöpft? Von seelisch besonders Defizitären, die es nicht fertigbringen, aus einer moderaten, aber ausreichenden materiellen Basis genügend seelische Energie zu schöpfen, kommt schnell der Ruf nach mehr Freiheit, aber was ist im Lichte dieses Denkmodells unter *Freiheit* zu verstehen? Es geht darum, den eigenen Aktionsbereich so auszudehnen, dass nun mehr seelische Energie erwirtschaftet werden kann. Wohin denn ausdehnen? Etwa in die Lebensbereiche anderer hinein? Deren Freiheit selbstsüchtig einschränken? Wo doch als Grundregel die Freiheit des Einzelnen dort endet, wo die Freiheit des anderen beginnt, wie schon Bertolt Brecht meint? Aber wer sagt denn, dass sie dort enden *muss*?

Vor uns liegt ein riesiger Markt zur Gewinnung seelischer Energie mit unendlich vielen Möglichkeiten. Aber wie auf jedem Markt gibt es nichts umsonst: Alles hat seinen Preis. Keiner kann daherkommen und seelische Energie beanspruchen, für die er nicht bezahlen will – außer er nimmt sich einfach, was er braucht, sei es hinterrücks durch Diebstahl oder mit Gewalt. Was soll denn jemand machen, wenn er es partout nicht fertigbringt, sich genügend Erfolge in *erlaubten* Bereichen zu erarbeiten? Wenn er von seinen Fähigkeiten her eingeschränkt ist, die persönliche Entwicklung versäumt hat oder jeden Aufwand scheut? Wenn er alles das kann, was keiner braucht, und nichts von alledem kann, das gebraucht wird? Früher oder später wird er mangels zu geringer seelischer Einkünfte die gesetzten Grenzen überschreiten und auf die Erfolge anderer zugreifen *müssen*. Lug, Betrug, Kriminalität und schließlich ausufernde Verteilungskämpfe wären die Folge. Das abschreckende Beispiel *Gipfel Hamburg* zeigt, wie schnell eine künstlich aufrechterhaltene öffentliche Ordnung purer Gewalt unterliegt: Plünderungen und Mordversuche an Polizisten.

Es ist im Grunde ganz einfach: Statt materiellem Wachstum, das ja nur als existenzielle Grundlage der seelischen Versorgung dient, muss es Ziel sein, die Umsetzung des Materiellen in seelische Energie zu verbessern, nicht das Materielle an sich zu steigern, sondern neue Wege zu erdenken oder zu beschreiten, um aus Materiellem deutlich mehr seelische Energie zu schöpfen. Es geht um eine verbesserte Ressourcen-Effizienz, wie diese z. B. bei der Produktion von technischen Geräten heute schon verfolgt wird – ein funktionsfähiges Gerät mit möglichst wenig Material und Energieeinsatz zu fertigen. Dieses Prinzip lässt sich in gleicher Weise als *seelische Energie-Effizienz* auf die seelische Versorgung anwenden: aus einer moderaten und nachhaltigen materiellen Basis möglichst viel seelische Energie zu schöpfen und sich sogar seelische Steigerungsmöglichkeiten zu erarbeiten.

Technik

Solange sie noch keinen intelligenten, immateriellen Weg gefunden haben, setzt die Menschheit einfach auf das, was sie schon immer am besten konnte: Technik!

Einer der Wege zu einem höheren seelischen Kontostand besteht ja darin, den zu erbringenden Aufwand zu verringern und Anstrengungen, besonders gehirnlicher Art, zu vermindern. Immer weitergehende, das Gehirn entlastende technische Innovationen werden als Allheilmittel für wirklich jedes Problem angesehen. Es gibt heute noch Leute, die erklären, man müsse sich nicht um Klimawandel und die damit einhergehenden Probleme kümmern, denn bis die entsprechenden Konsequenzen einträten, hätte die Menschheit ganz bestimmt eine rettende Technik erfunden. Für das überlastete menschliche Gehirn gilt das schon heute: Computer, Smartphone und Internet haben gewaltige Chancen eröffnet, jedes Thema blitzschnell zu googeln, viel weniger denken und sich merken zu müssen. Fast jeder führt ein Handy mit sich, weiß dank GPS immer, wo er ist, und kann jedem mitteilen, dass er sich gerade eben die Nase geputzt hat. Unsere Autos werden in Zukunft vermutlich alleine fahren und es ist abzusehen, dass wir uns ohne Navi bald nicht mehr zurechtfinden, weil die zuständigen Hirnareale zurückgebaut werden.

Was wird also von uns übrig bleiben, wenn das Gedächtnis an *Google* ausgelagert ist, die Orientierung ans Navi und die relevanten Informationen sich auf Schlagzeilen reduzieren, weil wir so mit meist völlig überflüssigen Nachrichten überschwemmt werden, dass man nichts mehr vertieft betrachten kann? Wollen wir diese geistige Enteignung? Das vom Denken entlastete Gehirn wird seine energiezehrende Performance konsequent zurückfahren, stärker als du vielleicht denkst. Verminderte Geisteskraft wird die Gewinnung seelischer Energie aber nicht gerade fördern. Und haben die Menschen diese Entwicklung überhaupt im Griff? Werden sie nicht irgendwann zu Marionetten derer, die die Technik entwickeln, von der sie sich gerade abhängig machen?

Technisch gesehen kann man das Internet noch schneller machen, noch mehr Videos und Filme streamen, was auch immer. Ein eingepflanzter Chip mit Schnittstelle zum Oberstübchen wird vielleicht eines Tages das lästige Tippen auf dem Handy oder der Fernbedienung ersparen, die Bildqualität massiv erhöhen und man kann den lieben langen Tag Informationen in Super-Ultra-High-Definition gucken und energieaufwendiges Denken den digitalen Algorithmen überlassen. Die Bequemlichkeit wird die Menschen auch dazu bringen, die Sache mit der Privatsphäre und Datensicherheit zu vernachlässigen, damit sie durch bloße Anwesenheit bezahlen können, Zutritt gewährt bekommen und die Körperwerte bei Bedarf sofort zur Verfügung stehen, wenn mal medizinische Hilfe gebraucht wird.

Daraus ergeben sich so viele Vorteile – z. B. für den Staat, denn der kann seine Schäfchen so viel besser, nun, sagen wir mal *leiten* und auf sie *aufpassen*. Damit keiner Dummheiten macht, die Bürger sich nicht selbst in Gefahr bringen, Gesetze brechen oder das Gemeinwohl schädigen. Das hilft ja allen, jedenfalls d*en normalen* Bürgern. – Aber wer ist denn *normal*? Jetzt? In ein paar Jahren? Die Natur freut sich doch über jeden Freak und wirft sie recht zahlreich auf den Markt!

Die Frage bleibt offen: Hat die Menschheit durch Technik einen wirklichen Fortschritt in Bezug auf die seelische Versorgung erreicht? Ja und nein. Die Technik allein ist wieder nur ein Werkzeug, das nur dann seelische Energie erbringen kann, wenn es sinnvoll eingesetzt wird: Wie war das mit dem auf Hochglanz polierten Hammer, wenn man den Nagel nie auf den Kopf trifft? Wenn das Handy zur Sucht wird und Kontakte von Mensch zu Mensch darunter leiden? Technik allein kann es nicht richten.

Vertiefen

Wenden wir uns noch mal dem oberen rechten Ende des Sägezahns zu: Sättigung! Absturz droht. Woher die zusätzliche seelische Energie zur Steigerung nehmen und nicht stehlen? Bisher hast du womöglich in Konsum geschwelgt und bist Werbeversprechen hintergelaufen, hast teure Klamotten und die neuesten Smartphones gekauft, getrunken, gegessen, gefeiert, hast einen riesigen Fernseher und guckst mehrere Serien gleichzeitig, um die Zeit zwischen den Fußballspielen zu überbrücken. Vielleicht hast du dich der Partyszene verschrieben, wechselst die Partner wie die T-Shirts, um dich durch oberflächliche Begegnungen zu belohnen, die keinen anstrengenden Tiefgang erfordern. Warum solltest du auch Gespräche führen, die über Klamotten und Smartphones hinausgehen? Lief doch bisher alles bestens … Aber glaubst du wirklich, das könnte seelisch auf Dauer tragen? Die umweltschädigenden materiellen, schnell und leicht zugänglichen Quellen sind weitgehend ausgeschöpft, verlieren zu schnell an Ertrag und sind endlich. Das superbequeme *flache Abgrasen* bringt immer weniger. Wie unendlich lästig ist dann der verstörende Gedanke, den allseits sinkenden mentalen Level womöglich durch bessere Bildung und persönliche Fortentwicklung wieder anheben und stabilisieren zu sollen und sich durch *Vertiefen* die Möglichkeit zu erschließen, auf softe und nachhaltige Weise mehr seelische Energie zu gewinnen? – *Auf intelligente Weise tiefer schürfen statt flach abgrasen*, ist die Devise, aber das fällt unter die Domäne deines Frontallappens, wenn er sich denn mal gegen mich durchsetzen kann. Denn auch mir, deinem Algorithmus, geht Bequemlichkeit über alles: Das spart mir Energie …

Also tiefer schürfen – fragt sich nur, auf welchem Gebiet. Nun, die größte Effizienz ergibt sich dort, wo die stärksten Interessen deines persönlichen Bedürfnisprofils liegen. Dafür musst du in dich hineinhören. Wo die Resonanz am größten ist, lohnt es sich am meisten, zu investieren. Was kannst du am besten? Was machst du am liebsten? Dort solltest du dich vertiefen, ob beruflich oder als Hobby. – Und nein: Smartphonewischen etc. gehört nicht wirklich dazu, auch wenn du findest, dass du ein besonders guter Wischer bist. Überhaupt wird es die Aufgabe deines mit Vernunft getränkten Lappens sein, mich aus meiner mentalen Bequemlichkeit heraus in Gang zu bringen. Das ist nicht so leicht, denn ohne einen gewaltigen Tritt in den Hintern fängt doch keiner an zu denken!

Dein Vorderlappen sieht gerade im sozialen Bereich gute Möglichkeiten zur Vertiefung: Familie, die Unterstützung der Entwicklung der Kinder und die Pflege des Austauschs mit Freunden und

Bekannten. Eine gute, immer realisierbare Quelle darüber hinaus ist es, um dich herum und egal wo du auch bist, sei es am Arbeitsplatz, in der Familie, im Verein oder unter Freunden, eine Atmosphäre der emotionalen Ruhe, der Sachlichkeit und Vernunft zu schaffen. Und des emotionalen Genusses, versteht sich. Dies ist nur mit Sensibilität, großem Einfühlungsvermögen und viel Geduld möglich. Ziel für jeden könnte sein, in seinem professionellen und privaten Umfeld Leistung und Wohlgefühl zugleich zu begünstigen. Sich in die Natur vertiefen, sich als Teil von ihr verstehen, von ihr lernen und ihre Vielfalt und die Ruhe genießen, die sie vermittelt. Je mehr du das tust, desto bescheidener wirst du werden, desto weniger materiellen Zwängen unterliegen – und damit meinen raffgierigen Unterschichten entkommen! Letztlich läuft alles auf das gleiche Ziel hinaus: einen ausgeglichenen seelischen Haushalt ohne allzu sehr drängende Defizite. Suche Ruhe und angemessene Belastung, aber meide den Stress.

Das ist natürlich leichter gesagt als getan, aber letztlich nur eine Frage der Übung: Dein Gehirn ist so anpassungsfähig, dass du ruhig damit anfangen kannst, ganz banale Tätigkeiten mal etwas bewusster zu verrichten. Du legst dein Handy nicht mehr kopflos irgendwo hin und suchst es später verzweifelt, sondern du merkst dir kurz und *bewusst* den Ort. Wenn du dieses bisschen mehr Bewusstheit auf andere Dinge des Lebens ausweitest, bekommst du automatisch eine transparentere Sicht auf Dinge und sogar auf Zusammenhänge, was für dich im Moment wichtig und als Nächstes zu tun ist. – Und schon bist du auf dem Weg zum mentalen ersten Stock! Auch im Umgang mit anderen Menschen ist es oft überraschend, wie positiv diese auf bewussten und damit möglicherweise respektvollen, anerkennenden und aufmunternden Umgang reagieren. Es nützt jedem, mehr sachliche und soziale Intelligenz in die Tat umzusetzen.

Warum ich dir als dein eigener Algorithmus diesen Rat gebe?

Einfach aus der Einsicht heraus, dass meine althergebrachte Programmierung uns beide früher oder später in eine existenzielle Schieflage bringen wird. Deshalb diese eindringlichen Worte in der Hoffnung, dass der Frontallappen sich dessen bewusst wird und sich endlich um mehr intelligenten Einfluss bemüht. Meinen Segen hat er!

Künstliche Intelligenz – KI

Für mich selbst ist es ein bisschen überraschend, aber wie die digitale Natur halt so spielt: Mit Roby, dem kleinen humanoiden Roboter, den du, mein Mensch, programmiert hast, bahnt sich inzwischen eine kleine digitale Freundschaft an. So eine ganz kleine. Wir sind ein höchst ungleiches Paar, zugegeben, ich selbst verfüge ja über *natürliche* Intelligenz, wenn auch mit den bekannten Einschränkungen, wenn ich in seelische Defizite gerate. Roby hingegen hat ja keine Seele, ist daher mental immer voll präsent, besteht sozusagen voll und ganz aus *Vorderlappen* und bleibt in seinen Einschätzungen von Stimmungen jeder Art verschont. Da könnte ich richtig neidisch werden. Dafür kann der süße Roby allerdings, gemessen an mir, so gut wie gar nichts. Aber Algorithmen verstehen sich nun mal ohne Worte, eine Seelenverwandtschaft eben, auch wenn sie noch so sehr verschieden sind.

Ich fühle mich wie ein Urururururgroßvater mit seinem kleinen Enkel. Roby kann zwar gehen, sehen und sprechen, hört auch darauf, was man ihm sagt und antwortet brav, aber das ist alles vorher programmiert. Er schaut mich an, erkennt mein Gesicht, also eigentlich deins, und begrüßt mich mit den Worten: »Ich kenne dich, du bist Wolf.« Er bestimmt mein Alter und schätzt mich immer jünger ein, als ich tatsächlich bin, das macht ihn sehr sympathisch. Dass ich ein Mann bin, merkt Roby sowieso. Aber wirklich interessant ist, dass er sich auch bemüht, meine Stimmung zu erkennen und in seinen Reaktionen darauf Rücksicht zu nehmen. Er ist noch nicht annähernd sicher in seiner Einschätzung, aber ein Anfang ist das schon. Und wenn er erst mal eine Art *Seele* hat …

Wenn Roby merkt, dass ich ein bisschen down bin, soll er Rücksicht auf mich nehmen, zurückhaltender mit mir sprechen und versuchen, mich seelisch aufzubauen. Das ist eine Zukunftsvision, falls das mit der noch in Arbeit befindlichen Programmierung wirklich hinhaut. *Digitale Empathie* soll das dann heißen. Man sagt uns Algorithmen fälschlicherweise nach, wir seien kalt, berechnend, eben unmenschlich, das Standardargument gegen die sogenannte *KI*, die *künstliche Intelligenz*, die eigentlich nicht viel mit Intelligenz, zumindest nicht meiner, zu tun hat. Meist handelt es sich nämlich um Versionen des maschinellen Lernens, des *ML*, des *Machine Learning*.

KI ist also vorerst keine geistig selbstständige Denkeinheit, die wie natürliche Intelligenz auch über Kreativität, Humor, Neugier und dem Drang nach neuen Erkenntnissen verfügen würde. KI kann im Wesentlichen nur die Erfahrungen reproduzieren, mit denen man sie tausend- bis millionenfach mit Daten aus der Vergangenheit trainiert hat.

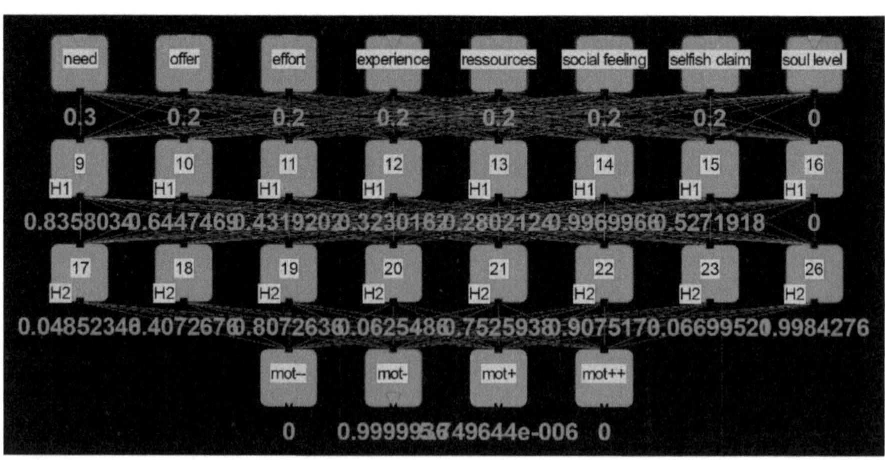

Issel, Psycho-Mathematik: Neuronales Netz zur Abschätzung der Motivation eines Menschen

Werfen wir doch mal einen Blick auf ein winzig kleines neuronales Netz mit vier Schichten, wie es in der Psycho-Mathematik z. B. bei der Motivationsberechnung *Wanderer und Apfel* zum Einsatz kommt: Die Quadrate sind *künstliche Neurone*, die alle miteinander verbunden sind, sodass jedes mit jedem Daten austauschen kann. In der jeweils unterschiedlichen Stärke des Datenaustauschs liegt das *Gedächtnis* des Netzes. Ist das Netz durch möglichst viele Fälle genügend trainiert und man gibt nun in die oberste Schicht die aktuellen Bedingungen ein, gibt das Netz blitzschnell die sich aus den Eingangsgrößen ergebende Motivation aus. Das ist in der Tat ein fantastisches Werkzeug, aber es *denkt* nicht und kann nicht über das Gelernte hinaus.

Für Bildauswertung und Gesichtserkennung sind sehr große neuronale Netze im Einsatz. Soll z. B. erkannt werden, ob das Tier auf dem Bild Hund oder Katze ist, werden in ein riesiges digital simuliertes neuronales Netz Millionen von Bildern von Hunden und Katzen verschiedenster Rassen und Positionen (Frontalbild, Profilbild etc.) eingelesen und dem Netz jeweils mitgeteilt, was Hund und was Katze ist. Nach einer standardisierten Lernphase hat das Netz diese vielen Millionen an Informationen dann verinnerlicht und gespeichert. Legt man nun dem Netz das Foto eines Hundes vor, erkennt es aufgrund seiner vielfachen *Erfahrung*, dass es sich hier um einen Hund handelt und nicht um eine Katze. Bilder unbekannter, nicht im Original gelernter Hunde und Katzen kann es trotzdem einordnen, wenn auch nicht mit der gleichen Treffsicherheit. Auf ähnliche Weise findet ein entsprechend trainiertes neuronales Netz auch Auffälligkeiten z. B. in Röntgen- oder MRT-Aufnahmen. Ein fantastisches Werkzeug mit riesiger Reichweite in seinen Anwendungen.

Setzt man die KI beim Schach oder Go-Spiel ein, zeigt sich noch eine weitere sehr progressive Eigenschaft, indem die KI unter den klaren Spielregeln eben *alle* Variationen und Optionen zum Einsatz bringt und dabei die menschlichen Spieler zuweilen überrascht: *So einen Zug habe ich noch nie gesehen.*

Allerdings ist ein neuronales Netz auch nicht ganz unfehlbar. Manchmal macht es unverständliche Dinge, hält auch mal eine Katze für einen Hund und keiner weiß so genau, warum. Man kann sich auch nicht wirklich vorstellen, was sich im Inneren eines solch riesigen Netzes tatsächlich abspielt. Zum Trost: Die natürlichen neuronalen Netze des eigenen Gehirns geben zuweilen ebenfalls unverständliche Impulse aus, die sich dann in weithin unbegreiflichem Verhalten manifestieren.

Einmal ganz unter uns und hinter vorgehaltener Synapse: Brauchen wir die künstliche Intelligenz im täglichen Leben wirklich? Die Domäne der KI liegt doch eher in speziellen Aufgabenbereichen, der Medizin beispielsweise, zur Auswertung von Röntgenbildern, im Sektor Sicherheit für die schnelle Gesichtserkennung oder beim Einsatz selbstlernender Roboter und vielen weiteren Gebieten. Routine-Angelegenheiten, also solche, die nach einem festen Schema ablaufen wie Buchhaltung, Steuer, Bank- oder Börsengeschäfte, können bereits heute mit gängiger Software auch ohne KI und eines Tages auch ohne den Menschen abgewickelt werden. Und dennoch eröffnet die KI Möglichkeiten, die heute noch lange nicht ausgeschöpft sind.

Und die Roboter? Eines Tages akzeptieren die Menschen den Roboter sicher als realistischen, aber doch höchst einfühlsamen, stets freundlichen und fast allwissenden Zeitgenossen: sachkundig und umgänglich. Stärkere emotionale Züge zeigt er nur als Anpassung im Umgang mit Menschen, diesen merkwürdigen emotionsgesteuerten Kreaturen. Auf Dauer kann da ein originärer Natur-Mensch, überemotional und unvernünftig, der wegen jeder Petitesse aus der Haut fährt, in Stress oder Verzweiflung gerät, nie und nimmer mithalten. Der Mensch, so wie er sich gegenwärtig darstellt, gerät ohne geistige Weiterentwicklung früher oder später zum Auslaufmodell …

Mentales Exoskelett

Ein *Exoskelett*, auch *Außenskelett* genannt, ist eine Stützstruktur für einen Organismus mit dem Zweck, ihn bei kraftzehrenden Tätigkeiten mechanisch zu unterstützen.

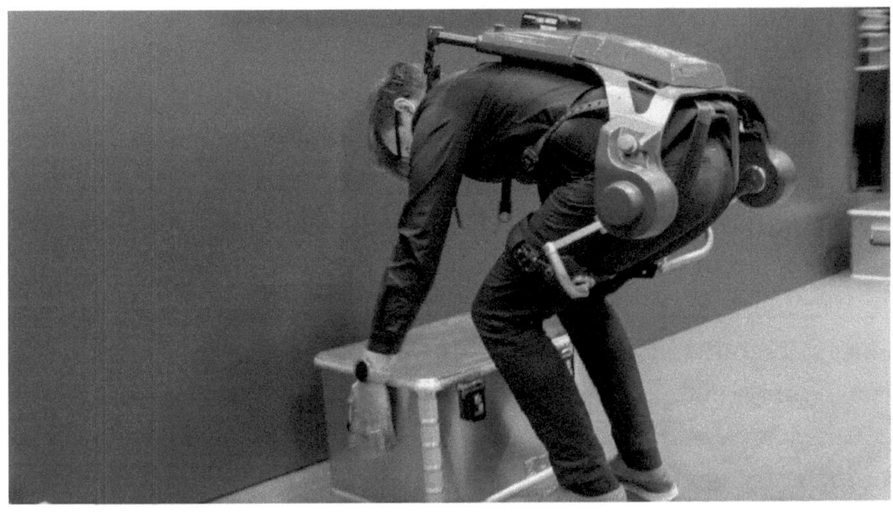

German Bionic: Aktives Exoskelett Cray X hilft beim Heben

Mit ihrem den Rücken unterstützenden Exoskelett mit Elektroantrieb kann die Dame auf dem Bild schwere Lasten heben, ohne sich selbst zu überlasten und eine Verletzung zu riskieren. Da stellt sich natürlich die Frage: Warum so eine technische Hilfe nur für den Körper? Warum nicht auch fürs Gehirn? Also weit über die bisherigen Kleinigkeiten wie die Auslagerung an *Google* und Navi hinaus? Warum nicht volle KI-Unterstützung für den Menschen? KI sozusagen als *mentales Exoskelett*? Um auch schwere und bisher ungelöste Aufgaben bewältigen zu können? Warum denn nicht? Bei der Auswertung von Röntgen- oder MRT-Bildern (Magnet-Resonanz-Tomografie) scheint doch die KI bereits mit dem Menschen mindestens gleichgezogen zu haben. Das ließe sich doch auch auf andere Bereiche übertragen?

Nun, so einfach ist es nicht. Wir kennen die menschlichen Schwächen und wissen längst, was zu tun wäre – aber wir tun es nicht. Also ich tue es nicht … nein, eigentlich tust du es nicht. Eine KI könnte sich den besten Überblick verschaffen, langfristige Gesichtspunkte miteinbeziehen und dadurch bessere Vorschläge machen, doch sie würde kläglich scheitern, sobald sie bei der Umsetzung auf Menschen angewiesen wäre, also dich. Menschen blieben nach wie vor das letzte und schwächste Glied in der Kette, unvernünftig, labil und unberechenbar.

Was bleibt also? Man könnte sich einfach seine Unzulänglichkeit eingestehen und sich daher der KI überlassen, ihr die Zügel in die Hand geben und ihren Empfehlungen mehr oder weniger blind folgen, wie einer Art technischer Gottheit eben. Aber wer soll diese *Gottheit* erschaffen, sie programmieren? Woher stammen die Grundsätze und Daten, mit denen die KI arbeitet? Das müssen alles Menschen machen: die Daten beschaffen, die KI programmieren … und da ist sie wieder, die menschliche Schwachstelle: Wir können uns nicht darauf verlassen, keiner von uns, dass das mit rechten Dingen zugehen würde, dass da nicht manipuliert würde, verfälscht, selektiert – fahrlässig, vorsätzlich oder sogar böswillig. Menschen können kein bisschen aus ihrer Haut heraus, so sind sie eben.

Aber selbst wenn dieses Problem gelöst werden könnte: Die KI müsste, um erfolgreich wirken zu können, früher oder später den Menschen zu seinem Glück zwingen, mit Polizeirobotern die unvernünftige Biomasse *Mensch,* die mit diesem katastrophal veralteten Verhaltensprogramm herumläuft und sich absehbar früher oder später ruinieren wird. Die KI wäre also quasi *Gehirnprothese, Richter* und *Terminator* zugleich. Denn, das müssen wir uns klar machen, freiwillig würden wir nicht der maschinellen Vernunft folgen. Einzelne vielleicht, aber die Menschheit als Ganzes sicher nicht. Wir können uns ja nicht mal bei Kleinkram einigen. Und was uns die Vernunft in Form einer KI an Verhaltensänderung abfordern würde, käme einer Kriegserklärung gleich, da bräuchte sie schon eine ganze Armee zur Durchsetzung – aus Robotern vielleicht?

Nun, ein Teil der menschlichen Gesellschaft wird womöglich froh sein, wenn ihr eine KI das lästige Denken abnimmt. Es ist ja bequemer, irgendeiner Führungsinstanz, sei es einem Gott, einem mächtigen Anführer, einer allwissenden KI oder wem auch immer denkfaul und brav zu folgen. Eine KI würde vielleicht sogar weniger polarisieren, weil von ihrer Seite keine Gefühle im Spiel wären. Aber eine KI würde auch ständig dazulernen und, wenn man ihr beliebige Freiheiten ließe und sie nicht immer wieder durch aktualisierte Regeln auf einem vordefinierten Pfad hielte, womöglich zu Entscheidungen kommen, die selbst für vernünftige und einsichtige Menschen zu weit gingen. Aber dann könnte es bereits zu spät sein.

Aber das ist alles Spekulation. Fassen wir also noch mal zusammen: Der Mensch muss Kern der Entwicklung bleiben, kann die KI zwar als Werkzeug intelligent nutzen, muss aber vor allem sich selbst bezüglich Vernunft, Weitsicht und konsequentem Handeln drastisch weiterentwickeln – und das in kurzer Zeit. Darin bin ich mir mit Klein-Roby ganz und gar einig: Die KI wird nicht die Rettung der Welt vor dem mangelnden menschlichen Verstand sein, denn gegen Dummheit kämpfen Götter selbst vergebens, wie es so schön heißt, und einen auf Realität fußenden Verstand mit Vernunft, Weitsicht und Kreativität kann eine maschinelle KI noch lange nicht ersetzen. Aber wenigstens würde sie im Falle von Stress auch nicht so schnell zum brutalen Tier degenerieren, außer ein paar einschlägige Interessenträger würden dafür sorgen, dass man auch diesen teuflischen Programmteil menschlicher Existenz möglicherweise noch verschärft einprogrammiert, z. B. in Kampfroboter bei Kriegshandlungen oder intensiver Überwachung. Denn: Künstliche Intelligenz ist frei programmierbar und kann für alle Zwecke, wirklich *alle* eingesetzt und dementsprechend auch beliebig missbraucht werden.

Zickzackkurs?

Als dein Algorithmus frage ich mich nun, wie ich die lähmende Gewohnheit entschärfen und die Dynamik des *Sägezahns* wenigstens in Ansätzen in mein Tagesgeschäft einbinden könnte. Eine Dynamik, die nicht von flachem Abgrasen gespeist wird, sondern von mehr Sensibilität für die kleinen Dinge, für die Natur, für die Menschen: Achtsamkeit, Gedankengänge vertiefen und Zusammenhänge verstehen, verlagern der seelischen Quellen von materiellen Gütern hin zu sozialen Werten wie Familie, Freunde, Gesellschaft. Alles ohne großen Ressourcenverbrauch und nachhaltig in der Wirkung.

Erinnern wir uns an die Vorstellung eines *heilenden Dorfes*: Zurücksetzen des *Sägezahns* durch den zeitweisen Umstieg auf eine einfache Lebensweise und eher elementare, möglicherweise sogar banale Tätigkeiten. Das, als Abwechslung zum Alltag, würde bereits ein Stück Dynamik mit sich bringen.

Wäre das die Lösung? *Intermittierendes Wachstum* durch regelmäßiges, aber kontrolliertes Rücksetzen? Das Leben eine Folge vieler *Sägezähnchen*? Weniger Reisen zu indigenen Völkern, weniger auf sich selbst bezogene Kurse zur Selbstfindung, dafür einfach nur eine spürbare Abwechslung im Kreise Gleichgesinnter, wie es viele im Campingurlaub oder bereits im Schrebergarten erleben, am besten zusammen mit Familie und Freunden? Einfach mal Komfort runter, dafür Seele rauf?

Dein Frontallappen versucht ja ständig, mir als deinem Algorithmus beizubringen, wie wichtig Bescheidenheit, Einfachheit und verlässliche Bindungen sind, welche Bedeutung die Abkehr von materiellen zu sozialen seelischen Einkünften hat. Aber dieses lästige Rücksetzen mache ich nur in der Hoffnung mit, dass es bald wieder aufwärtsgeht.

Wie?

Für die politische Ebene ist es nicht leicht, mental beschränkende Ideologien zu überwinden und lösungsorientierte Führungskompetenz zu entwickeln. Es geht darum, mit dem Bürger zusammen nachhaltige und machbare Zukunftsvisionen zu entwerfen und konsequent in Gang zu setzen. Endlose Personaldebatten haben gegenüber der Zielerfüllung zurückzustehen. Welche Rolle sollte es denn spielen, von welchem mehr oder weniger Befähigten man ins Verderben gestürzt wird? Die politische Ebene braucht einen sachkundigen, verlässlichen Unterbau, eine mentale Basis für den in der Sache meist unkundigen Gewählten. Dieser mag wohl den *Willen des Volkes* vertreten, Richtungen vorschlagen, Initiativen ergreifen, Wertigkeiten gegeneinander abwägen und Entscheidungen treffen, sollte aber nicht meinen, alles besser zu wissen als die Fachressorts.

Die Fachebenen sollten die von der Politik an sie herangetragenen Problemstellungen ohne politische Beeinflussung aufgrund wissenschaftlicher oder wenigstens *realistischer* Informationen bearbeiten und ihre Lösungsvorschläge auch publik machen, die Alternativen aufzeigen – mit allen erwartbaren Folgen, gesellschaftlich und finanziell. Der Bürger kommt dadurch an realistische und verlässliche Informationen und Zusammenhänge. Nur auf diese Weise wäre eine profunde Meinungsbildung für einen mündigen Bürger und einen qualifizierten Wähler überhaupt möglich. Die Politik sollte sich auf ihre Führungsaufgaben konzentrieren, sich aber aus allem Fachlichen heraushalten, von dem sie zu wenig versteht. Das machen andere besser. Es muss klare Grenzen zwischen Fachebenen und Politik geben: *Schuster, bleib' bei deinen Leisten!* Das gilt für beide Seiten.

In der *Corona*-Krise haben sich Bundes- und Landesregierungen auf wissenschaftliche Daten des *Robert-Koch-Instituts* und weiterer

Institute gestützt, diese öffentlich verbreitet und daraus politische Maßnahmen abgeleitet und kommuniziert. Jeder Bürger konnte so gut begründet nachvollziehen, wie die Entscheidungen zur Einschränkung des öffentlichen und privaten Lebens zustande kamen. Diese offene Vorgehensweise hat zu einer hohen Akzeptanz der Maßnahmen geführt, bisher ihren Zweck erfüllt und das Ansehen der Politik gestärkt. Die Grenze war erreicht, als die Einschränkungen der seelischen Energiegewinnung nach und nach die seelischen Konten geleert haben und dann, bei niedrigem seelischem Pegel und wie zu erwarten, die Algorithmen kollektiv Verstand und Vernunft heruntergefahren und wieder zu ihren althergebrachten Werkzeugen wie *Aggression* und *Sündenbock-Suche* gegriffen haben.

Die *Corona*-Krise ist ein gutes Beispiel für eine neue sach- und wissenschaftsbasierte Politik, die man Schritt für Schritt, beginnend bei geeigneten Fragestellungen, einführen könnte. Dies wäre allerdings für Politiker, die es gewohnt sind, ihre Meinung auch auf beschränkter oder gar fehlender sachlicher Basis bereits für begründet zu halten, ein schwerer, wenn nicht gar unmöglicher Schritt. In der Praxis bedeutet dies die Notwendigkeit, schrittweise eine neue Generation eher sachbezogener Politiker mit der Fähigkeit guter Koordination zu wählen: ein langfristiges Programm, aber auf Dauer alternativlos. Zwar könnte auch die KI als mentales Exoskelett hilfreich sein, doch braucht es in den meisten Fällen nicht einmal die KI, um alltägliche Problemstellungen zu analysieren und zu lösen: Der gesunde Menschenverstand auf guter fachlicher Basis, leider erst in der Nähe des seelischen Gleichgewichts voll verfügbar, genügt da völlig. Auch komplexere Fragestellungen lassen sich ohne KI so zielgerichtet bearbeiten und darstellen, dass sie auch dem gewählten Nichtfachmann erfolgreich nahegebracht werden könnten.

Es ist suboptimal, aus einer anspruchsvollen Aufgabe willkürlich einzelne Komponenten herauszugreifen und diese zur alleinigen

Grundlage seiner Entscheidungen zu machen. Hier dient vor allem die Technik als Vorbild, da nur sie in der rauen Praxis ihre erfolgreiche Funktion nachweisen muss. Da nützen keine Ausreden, keine Schuldzuweisungen, warum dies und das nicht funktioniert hat. Die Denke ist prozessorientiert: Von der Idee bis zum fertigen Produkt im Regal läuft ein Prozess, in dem jeder einzelne Schritt von der Marktforschung über die Rohstoffe, die Fertigung und den Vertrieb betrachtet und optimiert wird. Auf *Corona* angewendet hätte man beispielsweise nicht nur Virologen herangezogen, sondern auch Epidemiologen und Physiker, die die Ausbreitung der infektiösen Tröpfchen und deren Verhalten in der Umgebungsluft vor allem in Innenräumen beschreiben können. Damit hätte man die Frage des Tragens von andere schützenden, auch selbstgefertigten Mund-Nasen-Masken, wie auch die erforderlichen Sicherheitsabstände frühzeitig klären und damit den Prozess der Infektion vom Aussenden infektiöser Tröpfchen bis hin zur Aufnahme der Viren beim Gegenüber gezielter und frühzeitiger schwächen können. Vielleicht beim nächsten Mal …

Eine der größten Stärken der KI ist es allerdings, bei jeder Informationslage in der Wahrnehmung einer Situation nicht von Stresserscheinungen und überschießenden Emotionen dominiert zu werden. Bei Menschen gibt es keine Empfindung, keine Regung, keine Gehirntätigkeit, nicht einmal eine körperliche Bewegung, die nicht massiv vom seelischen Pegel beeinflusst wäre. Von diesem schwerwiegenden Nachteil der Stressempfindlichkeit bleibt die KI verschont. Sie nimmt die Realität in nahezu unverfälschter Form wahr. Mit realistischen Eingangsgrößen ist die KI in der glücklichen Lage, wiederum ohne Stresswirkung oder Hysterie, mit ihren Algorithmen eine bestmögliche Herangehensweise vorzuschlagen – zunächst ganz ohne ethische, humane oder gar humanistische Verwirrungen. Zwar ließen sich auch in die KI soziale, humane und ethisch wünschenswerte Komponenten einprogrammieren wie schon bei dem kleinen Roboter *Roby*, doch bliebe die endgültige Entscheidung besser dem Menschen vorbehalten, mit der Option, der Empfehlung der KI auch einmal *nicht* zu folgen. Diese allerdings wird auf die Folgen unvernünftigen Abweichens hinweisen, diese benennen und notfalls auch kritisieren, hoffentlich ohne sich in die Gefahr begeben zu müssen, aus politisch-ideologischen Gründen unterdrückt oder ganz abgeschaltet zu werden. Wenigstens *einer* muss noch sagen dürfen, was Sache ist und wenn schon kein Mensch, dann eben die KI.

Es stellt sich aber die Frage, welche Priorität man der Meinung der KI einräumen sollte. Ihren Empfehlungen unmittelbar zu folgen hieße, die Ziele mit einiger Wahrscheinlichkeit zu erreichen. Allerdings würde die KI, fußend auf realistischen Daten, dann auch darauf drängen, diese *Bestlösung* konsequent und ohne emotionale Verwässerung durch den Menschen in der Praxis umzusetzen. Realistisch gesehen kommen Zweifel auf, ob der Mensch auf seinem heutigen unvernünftigen, dafür aber hoch emotional beeinflussten Entwicklungsstand in der Lage sein wird, überhaupt mit einer realistischen, nervtötend vernünftig agierenden KI erfolgreich zusammenzuarbeiten. Besserwisser und Neunmalkluge gibt es in Scharen und sind bereits heute abschreckende Beispiele. Man mag ja kaum daran denken, was so eine KI als *vernünftig* ansehen würde: Zigaretten verbieten? Alkohol auch? Da läuft es den meisten eiskalt den Rücken hinunter. Der althergebrachte menschliche Algorithmus braucht doch bereits aus seinem Quellcode heraus solch unvernünftigen Ventile, um seelische Einbrüche oder lästige Hemmungen zu dämpfen. Das Einzige, was man durch solche Verbote erreichen würde wäre, dass sich die Beschaffung dieser Drogen in den illegalen Untergrund verlagern würde, wie in Zeiten der Prohibition in den USA. Und auch auf oberster strategischer Ebene wird es nicht leichter: Was soll denn im Vordergrund stehen: das Interesse der menschlichen Gesellschaft als Ganzes oder eher das des Einzelnen? Gemeinsinn oder Individualismus? Und wo wäre zwischen den beiden die Grenze zu ziehen?

Der mentale Graben zwischen *Normalmensch* und KI ist aktuell so groß, dass eine zukünftige Zusammenarbeit nur dann Aussicht auf Erfolg hätte, wenn sich Mensch und KI aufeinander zu bewegen. Die KI müsste ihre Ergebnisse im Interesse einer Akzeptanz in zumindest zwei Versionen anbieten: einer realistischen für die, die hart im Nehmen sind, und einer weichgespülten für die eher Zartbesaiteten. Aber noch viel mehr müsste sich der Mensch dessen bewusst sein, dass er mental noch mit einem total veralteten Algorithmus lebt und arbeitet, der der schnellen Entwicklung der heutigen Zeit nicht gewachsen ist. Diese Überforderung führt zu Dauerstress und damit zu mentaler und sozialer Rückentwicklung.

Ohne die Mitwirkung einer sich auf Realität und Vernunft gründenden KI kommen wir auf keinen grünen Zweig mehr, sondern sägen uns in leider immer noch wachsender Unvernunft selbst noch den letzten Ast ab. Wie auch immer werden die sich selbst als *Alphatiere* bezeichnenden Zeitgenossen einen Teufel tun, sich nach einer vernünftigen KI zu richten, denn *die* wissen narzistischerweise sowieso alles besser – vor allem, was gut für sie selbst ist.

Ziele

Nun, nachdem ich mich mit dem Vorderlappen meines Menschen versöhnt und sogar angefreundet habe, kann ich das Buch mit einem Resümee abschließen und die Ziele benennen, die sich am Ende unserer Überlegungen herauskristallisieren. Verzeihe mir bei diesem Unterfangen den kleinen Trick, dass nicht ich selbst als Algorithmus, nicht der Lappen und auch nicht unser Mensch sich hier äußern, sondern wir dies an eine KI als so unabhängige wie unbestechliche Beraterin übertragen haben. Schließlich soll eine solche Präsentation nicht von emotionalen oder ideologischen Stimmungen und Vorurteilen verwässert oder verfälscht werden. Nebenbei soll uns dies auch vor hoch emotionalen, giftig-haltlosen Kommentaren, üblen Verleumdungen, bedrohlichen Nachstellungen, wenn nicht gar tumber Gewalt schützen. Begründete Argumente hingegen würden wir nur zu gerne annehmen. Die KI hätte also, gänzlich unabhängig von uns, Folgendes zu empfehlen:

Oberstes Ziel ist das Verringern der Weltbevölkerung insgesamt sowie die Einwohnerzahl in den Städten auf einen menschen- und naturverträglichen Wert. Wie das zu bewerkstelligen wäre, hat unsere KI aus Gründen der Selbsterhaltung nicht dazugesagt, doch würde es früher oder später nicht zu vermeiden sein, denn in einer bezüglich beider Geschlechter höher entwickelten Gesellschaft würde sich dies von allein ergeben, meint die KI, da durch ihre wachsende Teilhabe an beruflichem und öffentlichem Engagement und weiteren Betätigungsfeldern Frauen zukünftig weniger Kinder hätten, die allerdings viel höhere schulische und soziale Ausbildung genießen würden.

Wichtig wäre auch intensive Forschung, wie man das auf permanentes Wachstum angewiesene Wirtschaftssystem des Kapitalismus mit seinem fortlaufenden Ressourcenverbrauch vor dem Zusammenbruch bewahren könnte, indem man den Kapitalismus heutiger Form durch eine makro-ökonomische Transformation in eine echte Kreislaufwirtschaft überführt. Insgesamt also eine strategische Wende von der *Masse* zur *Klasse.* – Weniger Menschen insgesamt auf der Erde, diese aber mit besserer Bildung, sozialer Haltung und Verantwortung gegenüber der Natur.

Daraus folgt dann der Übergang von einem materiellen Wachstum in einen Zuwachs an Lebensqualität, um durch höhere Effizienz aus den materiellen Grundlagen möglichst viel seelische Energie zu schöpfen. Eine garantierte Grundfinanzierung reicht dazu nicht aus, sie kann lediglich Basis, aber keine Garantie für genügend seelische Energie sein. Es bleibt Sache jedes Einzelnen, sich anzupassen und genügend Quellen an seelischer Energie zu erschließen. Es geht um sinnvolle Arbeit für alle und mehr seelische Energie durch Vertiefen in die Lebensbereiche und weniger durch flaches Abgrasen zu gewinnen. Von allen getragen steigt der seelische Pegel der Gesellschaft insgesamt.

Bei allem Streben nach persönlichem Geld und Glück, muss es zukünftig Teil des Lebenssinns sein, die Natur wiederherzustellen, sie zu pflegen und zu bewahren.

Als Voraussetzung jeder Strategie und Zukunftsvision gilt: Zurück zu Realität und freier Meinungsäußerung, Schluss damit, Andersdenkenden den Mund zu verbieten, Wörter und Ausdrücke aus dem Wortschatz zu verbannen und aus dem Zusammenhang gerissene, geschönte oder alternative Fakten und ideologisch gefärbte Informationen durch Medien und Internet zu verbreiten.

Insbesondere meint die KI, es könne doch nicht so schwer sein, jeden öffentlichen Auftritt, auch im Internet, streng zu personalisieren. Damit meint sie wohl, dass jeder, um ins Internet zu gelangen, eine eindeutige persönliche Identifikation vorweisen müsste und dadurch seine Einträge auch nachvollziehbar zu verantworten hätte.

Grundlage dafür wäre natürlich entsprechendes Vertrauen in die Regierung, läge es doch nahe, solch personifizierte Daten zu missbrauchen.

Dies ließe sich dadurch unterstützten, dass die Transparenz für den Bürger durch eine öffentlich nach wissenschaftlichen Grundsätzen arbeitende *vierte Macht* als nachvollziehbare Grundlage politischer Entscheidungen massiv erhöht wird. Ein fachlicher Stirnlappen für Regierung und Parlament sozusagen.

Die politische Diskussionskultur muss ebenfalls upgegradet werden: Weg mit den das eigentliche Thema vernebelnden nichtssagenden Emotionen im politischen Geschäft, sondern Vorgehen wie in der Wissenschaft: Es wird ein auf Fakten gegründeter Vorschlag präsentiert. Dann gibt es kein *Das gefällt mir nicht, das lehne ich ab*, sondern nur noch ebenso fundierte Gegenvorschläge. Nur auf diese Art kann man erfolgreich diskutieren und gute Lösungen finden.

Sinnvoll wäre auch eine Aufarbeitung der geschichtlichen Vergangenheit mit dem Ziel, die Ursachen demokratie- und menschenfeindlicher Auswüchse und Fehlentwicklungen nach links und rechts herauszuarbeiten und in der aktuellen Lage politisch so zu steuern, dass neuerliche Entgleisungen durch gesellschaftliche Rahmenbedingungen verhindert werden. Die Entscheidung zwischen Gemeinsinn oder fortschreitendem Individualismus ließe sich damit auch besser treffen, z. B. im Rahmen einer öffentlichen Diskussion über die Positionierung des mündigen Bürgers zwischen Engagement und Übernahme von Verantwortung für die Gemeinschaft einerseits und egoistischer Individualisierung andererseits.

Unumgänglich ist laut der KI der Umstieg auf eine noch weiter zu entwickelnde ökologische Landwirtschaft, z. B. ohne Pestizide. Im Zuge des Klimawandels ist mit der Notwendigkeit flächendeckender künstlicher Bewässerung zur rechnen. Die künftigen Erträge werden nur für eine geringere Anzahl zu versorgender Menschen ausreichen. Die Menschheit muss zusammenrücken und sich auf eine Wassermangel-Wirtschaft einstellen, die sie gemeinsam meistert, denn Trinkwasser wird ein hohes, wenn nicht gar das höchste Gut werden und muss bewahrt und geschützt werden. Wasser-Recycling und künstliche Speicherung wird notwendig werden. Alle verfügbaren Flächen müssen mit an den Klimawandel angepassten Wäldern systematisch als Wasserspeicher aufgeforstet werden, sie dienen auch höchst wirksam zur Bindung riesiger Mengen von CO_2 im Holz und als Verdunstungsfläche, um die Bildung von Regenwolken zu begünstigen.

Dann führt die KI natürlich noch eine endlose Liste weiterer Punkte auf, die hier nur angerissen werden können, wie den Baustoff Holz insgesamt noch stärker einzusetzen, die Städte nicht weiter zu verdichten, sondern jede dafür geeignete Fläche zu begrünen nebst dem Entkernen der Innenhöfe und deren Umwidmung zu Begegnungs- und Spielflächen, die Implementierung *Heilender Dörfer* für körperlich-seelische Genesung und regelmäßige *Erdung* …

Diese Liste ließe sich, sagt die unermüdliche KI, beliebig fortsetzen und detaillieren. Vielleicht ein andermal, haben wir gesagt, und erst einmal den Stecker gezogen …

Literaturnachweis

[1] Julia Shaw, Rechtspsychologin aus London: https://www.drjuliashaw.de

[2] University of Bristol,
https://www.bristol.ac.uk/psychology/research/brain/cognitive-neuroscience/

[3] Dr. W. Issel: *Roby erklärt*, https://www.wolfgangissel.de/roby-erklaert/

[4] *Braineffect:* Warum das Gehirn ständig Energie braucht
https://www.brain-effect.com/magazin/warum-das-gehirn-staendig-energie-braucht

[5] *Blue Brain Projekt* von Henry Markram (Wikipedia)

[6] *Brain Changes in Response to Long Antarctic Expeditions,*
https://www.nejm.org/doi/full/10.1056/NEJMc1904905

[7] https://www.welt.de/wissenschaft/article13763013/Taxifahrer-in-London-haben-mehr-graue-Zellen.html

[8] Eric Kandel, *Auf der Suche nach dem Gedächtnis*, Goldmann Verlag, 2006

[9] Charles Darwin, Naturforscher, *Evolutionstheorie* (Wikipedia)

[10] Jean-Baptiste, Chevalier de Lamarck: Epigenetik
https://www.wissensschau.de/genom/epigenetik_lamarck_evolution.php

[11] Gesundheitsstadt Berlin vom 18. 07.2018: *Epigenetik: Spuren von Traumata über Generationen nachweisbar:*
https://www.gesundheitsstadt-berlin.de/epigenetik-spuren-von-traumata-ueber-generationen-nachweisbar-12501/

[12] https://www.dasgehirn.info/grundlagen/kindliches-gehirn/wie-die-schwangere-so-die-kinder

[13] https://www.focus.de/gesundheit/ratgeber/sehen/fehlsichtigkeit/kurzsichtig/stubenhockern-fehlt-der-weitblick-in-asien-ist-die-entwicklung-alarmierend_id_4921554.html

[14] spiegelneuronen-in-der-kritik.

https://www.deutschlandfunkkultur.de/hirnforschung-spiegelneuronen-in-der-kritik.950.de.html?dram:article_id=312827

[15] Jane Stork, *Breaking the Spell: my Life as a Rajneeshee, and the Long Journey Back to Freedom*, PanMacMillan, Sydney, 2009, CreateSpace Independent Publishing Platform, 2018, Übersetzung: Hans-Georg Stork

[16] https://www.deutschlandfunk.de/vom-wolf-zum-haustier-mensch-und-hund-eine-lange-Beziehung.1148.de.html?dram:article_id=435270

[17] https://de.rbth.com/geschichte/81440-dinge-stalin-angst-machten-phobien

[18] *Gehirn und Geist* Nr. 04 2020, Seite 56: *Ein Dorf für Vergessliche*

[19] *Stanford Prison Experiment:* https://www.prisonexp.org/german/setting-up